烘焙新手｜变达人的第一本书

Do It Now！Baking Your Way to Happiness！

Carol严选，
3000张图片完全图解，
101款简单零失败的
美味甜点。

胡涓涓（Carol） 著

U0293674

河南科学技术出版社
·郑州·

健康甜点自己动手做，
传递更多幸福

在烤箱前面的我是最快乐的，不论是在家人的重要日子准备节庆蛋糕，还是跟好朋友相聚时制作甜蜜的下午茶小点，能够为他们付出满满的爱是我生活中的目标，没有什么比亲手烤制的糕点更让人喜悦了。我把细细巧巧的心思混入平凡无奇的鸡蛋面粉中；搅拌混合、打发膨松、加热烘烤，空气中充满甜香滋味，成品有了灵魂，仿佛在生命中这早已是件天长地久的事儿。

看到家人、朋友眼睛里的笑意就是我源源不绝的动力来源，让人一直想偎在烤箱旁边等待出炉的那一刻，满心期盼入口的美味，迫不及待地想与身边亲友共享这份美好的感觉。

作为一个平凡的家庭主妇，从记录自己厨房的博客到出书，这些年的变化虽然让日子变得较为忙碌，但是我不会改变自己回归家庭的初衷，反而更珍惜与家人共聚的每一刻。每天我依然在小厨房中打转，为家人准备可口的三餐与点心，再将这些料理、烘焙的过程记录下来，跟世界各地的朋友分享；电脑前的我对着屏幕敲敲打打，主妇生活快乐又充实。

本书中包含了12种简单易做又可口的甜点，材料方便取得，非常适合家庭手工制作。全程记录制作步骤的图片可以让初学者清楚对照，免去紧张与不安的心情。除了博客中已经发表的部分作品，本书还增加了很多全新的甜点，分类整理得更加完善，希望可以成为对烘焙有兴趣的朋友身边的一本实用工具书。书中也有我想分享给大家的心情笔记及手绘甜品插图，传递更多幸福。

我要将这本书献给亲爱的老公及儿子，他们是我精神上最大的支柱，也是我生命中重要的两个人。在我忙碌时，他们做我的后盾，让我有更多时间来完成新书的编写；做出失败成品的时候，他们依然开心地吃光光，让我有信心继续做出更多完美的成品。我也要感谢日日幸福出版社的所有同人，这些年来我们配合无间，他们不仅是最佳工作伙伴，也是生活中的好朋友，包容我的同时给予本书最佳的编写建议。

最后感谢爱护我的读者及朋友，因为有你们这7年不间断的支持与鼓舞，我才能够充满勇气持续前进，期盼将更多味道鲜美的家庭烘焙甜点带给大家！

胡涓涓 Carol

使用本书之前你必须知道的事 (Preparations)

本书材料单位标示方式

• 大匙→T；小匙→t；克→g；毫升→mL

重量换算

• 1 千克（1kg）＝1000克（1000g）

容积换算

• 1升＝1000mL；1杯＝240mL＝16T

• 1大匙（1 Tablespoon，1T）＝15mL＝3t

• 1小匙（1 teaspoon，1t）＝5mL

烤盒圆模容积换算

• 1英寸＝2.54cm

一般我们所说的"几英寸"蛋糕是指蛋糕的直径。英寸并非我国法定计量单位，但考虑到行业惯例，本书予以保留。

如果以8英寸蛋糕为标准，换算材料比例大致如下：

• 6英寸：8英寸：9英寸：10英寸＝0.6：1：1.3：1.6

• 8英寸圆形烤模分量×0.6＝6英寸圆形烤模分量

• 8英寸圆形烤模分量×1.3＝9英寸圆形烤模分量

• 8英寸圆形烤模分量×1.6＝10英寸圆形烤模分量

• 圆形烤模体积计算：3.14×半径的平方×高度＝体积

食材容积与重量换算表				单位：g
量匙 食材	1T （1大匙）	1t （1小匙）	1/2t （1/2小匙）	1/4t （1/4小匙）
水	15	5	2.5	1.3
牛奶	15	5	2.5	1.3
低筋面粉	12	4	2	1
米粉	10	3.3	1.7	0.8
糯米粉	10	3.3	1.7	0.8
抹茶粉	6	2	1	0.5
玉米淀粉	10	3.3	1.7	0.8
奶粉	7	2.3	1.2	0.6
无糖纯可可粉	7	2.3	1.2	0.6
太白粉	10	3.3	1.7	0.8
肉桂粉	6	2	1	0.5

量匙 食材	1T （1大匙）	1t （1小匙）	1/2t （1/2小匙）	1/4t （1/4小匙）
细砂糖	15	5	2.5	1.3
蜂蜜	22	7.3	3.7	1.8
枫糖浆	20	6.7	3.3	1.7
奶油	13	4.3	2.2	1.1
朗姆酒	14	4.7	2.3	1.2
白兰地	14	4.7	2.3	1.2
盐	15	5	2.5	1.3
柠檬汁	15	5	2.5	1.3
速发干酵母	9	3	1.5	0.8
植物油	13	4.3	2.2	1.2
固体油脂	13	4.3	2.2	1.1

备注：奶油1小条约113.5g，奶油4小条约1磅＝454g

如何使用本书 （How to Use This Book）

1. 每道甜点的英文（或其他外文）名称。

2. 每道甜点的中文名称，让你跃跃欲试。

3. 作者想与所有读者一起分享的甜点心情笔记。

4. 本款甜点材料表中所做出来的分量。

5. 本款甜点的烘烤温度与烘烤时间。以→作为每一次烘烤的间隔，如这款甜点就是先以180℃烘烤10min，再以100℃烘烤15～20min，依此类推。

6. 每款甜点赏心悦目的完成图。

Ground Seaweed Egg Cookies

海苔鸡蛋饼干

过年前，好朋友丝丝送了一盒好吃的饼干，吃了之后就念念不忘这个好滋味。鸡蛋饼干是很让人怀念的味道，以前还在上班的时候，抽屉中就常常放有一包。浓浓的鸡蛋香，又酥又脆，饿的时候来一片马上解馋，想到就忍不住动手做。

我特别喜欢饼干中带有一点海苔的味道，微微的咸与海洋的气息，让口味层次更独特，做好给老公吃，他也直说好吃。

冲壶红茶，嘴里咬着脆脆的海苔鸡蛋饼干，下午茶时间又有好多愉快的话题。

Baking Points

分量：约12片（直径10cm）

烘烤温度：180℃→100℃

烘烤时间：10min→15～20min

☆ 材料
鸡蛋1个 蛋黄1个
细砂糖60g 无盐奶油20g
低筋面粉100g 海苔粉1大匙

7. 制作步骤图，可让你对照
操作方式是否正确。

8. 每款甜点的类别，本书
共分12大类。

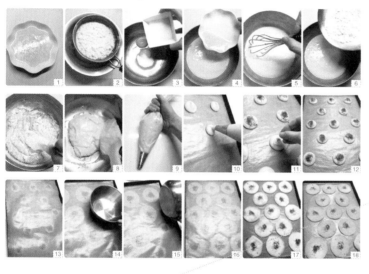

Part 2 | 饼 干 ……… ◆挤花饼干

9. 详细的步骤解说，让
你在操作过程中更容
易掌握制作重点。

❀ 准备工作

1. 将材料称量好。

2. 将无盐奶油用微波炉或隔水加热熔化成液体。〔图1〕

3. 将低筋面粉用过滤筛网过筛。〔图2〕

❀ 做法

1. 将鸡蛋与蛋黄放入钢盆中。

2. 加入细砂糖，用打蛋器搅拌5～6min至混合均匀且稍微泛白。〔图3〕

3. 再将熔化的无盐奶油加入混合均匀。〔图4、图5〕

4. 将过筛的低筋面粉分两次加入，用刮刀以按压的方式混合均匀（不要过
   度搅拌，以免影响口感）。〔图6～图8〕

5. 将面糊装入挤花袋中，使用1cm的圆口挤花嘴。〔图9〕

6. 烤盘上铺好防粘烤焙布，然后在烤焙布上前后左右间隔约3cm挤出12个直径约3cm的面糊（若烤盘不够大，
   可以分两次烘烤）。〔图10〕

7. 在每一个小面糊上撒上适量的海苔粉。〔图11、图12〕

8. 在完成的饼干面糊上，铺上另一片防粘烤焙布。〔图13〕

9. 用一个平底的容器，垂直压在面糊上，将面糊压成直径约10cm的圆形。〔图14～图16〕

10. 将烤盘放入已经预热至180℃的烤箱中，烘烤10min后取出，将表面的防粘烤焙布移开，烤箱温度调低至
    100℃。〔图17〕

11. 再放入烤箱中，继续烘烤15～20min至呈金黄色即可（中间烤盘可以调头一次，使饼干上色均匀）。〔图18〕

Cookie　127

🙍 **Carol's Memo**

a. 如果面糊比较厚，烘烤时
   间要适当延长，请根据烤
   箱的情况调整。

b. 海苔粉可以在烘焙材料店
   购买，也可以自行把海苔
   片剪碎代替。

10. 制作过程中的重要
提醒，有作者最贴
心的小叮咛。

11. 材料一览，正确的分
量是制作美味甜点的
关键。如果找不到适
合的材料，请到烘焙
材料店购买。

目录 Contents

Part1 甜点制作的基本概念与技巧

甜点制作的基本概念

甜点制作的基本技巧

Part2 饼干

冰箱饼干

塑形饼干

压模饼干

挤花饼干

Part3　蛋糕

磅蛋糕

乳酪蛋糕

戚风蛋糕

Part4　派、挞与其他甜点

酥皮派

挞

泡芙

冰凉甜点

糖果

烘焙工具图鉴 （Equipments）

以下是本书中使用到的器具，提供给各位参考。适当的工具可以让你在制作甜点的过程中更加得心应手。先看看家里有哪些现成的器具，再按照自己的需要来适当添购。

A. 基本工具

秤（Scale）准确称量材料非常重要，称量的时候要去除盛装的容器重量。电子秤最小可以称量到1g，普通秤最小可以称量到10g。

烤箱（Oven）容积为25L以上，能够控制温度并独立调整上下温度的烤箱为佳。

量匙（Measuring Spoon）舀取少量材料时非常方便，一般一套量匙有4把：1大匙（15mL），1小匙（5mL），1/2小匙（2.5mL），1/4小匙（1.25mL）。使用量匙量取材料时可以多舀一些，再用小刀或汤匙背刮平为准。

量杯（Measuring Cup）在量取液体材料时使用，材质为耐热玻璃的为佳，可以放入微波炉中加热。

手提式电动打蛋器（Hand Mixer）可以代替手动打蛋器，操作更省力，通常会附网状及螺旋状两组搅拌棒。网状搅拌棒可以混合稀面糊，如打发蛋白霜、打发蛋液、拌匀糖油面粉等；螺旋状搅拌棒可以搅拌较硬的饼干面团。

打蛋器（Whisk）简单的搅拌工具，网状钢丝头非常容易将材料搅拌起泡或是混合均匀。

搅拌用钢盆（Mixing Bowl）可以准备直径30cm的大钢盆1个，直径20cm的中型钢盆2个，材质为不锈钢的，耐用又好清洗。底部必须呈圆弧形，搅打时不会有死角。

桌上家用搅拌机（Stand Mixer）搅拌机功率大，能做比较多的分量，除了可以打发蛋白霜、打发鲜奶油及混合蛋糕面糊之外，还可以搅拌面包面团。可依照家中人数需求挑选适合的机型。较大容积的搅拌机有一个缺点，就是想做少量甜点时没办法搅打。搅拌机要有一定分量的材料才搅打得起来。例如，打发蛋白霜必须要4个蛋白才能用搅拌机，少于4个蛋白就必须用电动打蛋器。容量越大的搅拌机就需要越多分量的材料才能搅打。

计时器（Timer）随时提醒制作及烘烤时间，可以准备2个以上，使用时会更方便。

过滤筛网（Strainer）将粉类或蛋液过筛可以减少结块，也可用于在成品上撒糖粉装饰。

分蛋器（Egg Separator）可以快速有效地分离蛋白与蛋黄，避免蛋白沾到蛋黄。

橡皮刮刀（Rubber Spatula）用于混合搅拌面糊材料，也可以将钢盆中的材料刮取干净。软硬适中的材质比较好操作。

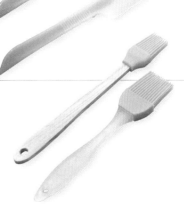

擀面杖（Rolling Pin）可将面团压成片状或其他适合的形状。粗细各准备1根，视面团大小或分量不同使用。

刮板（Scraper）可均匀切拌奶油及面粉，最好选择底部是圆角状的，可以沿着钢盆底部将材料均匀刮起。平的一面可以当面团的切板或抹平蛋糕面糊使用。

刷子（Brush）有软毛与硅胶两种材质，硅胶材质较好清洁保存。用于在蛋糕表面刷糖浆或涂抹果胶。

木匙（Wooden Spoon）长时间熬煮材料时使用，木质不容易导热，不会烫伤。

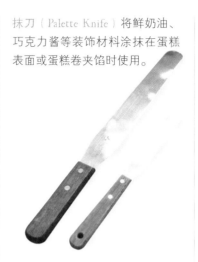

抹刀（Palette Knife）将鲜奶油、巧克力酱等装饰材料涂抹在蛋糕表面或蛋糕卷夹馅时使用。

防粘烤焙布（Fabrics）避免成品底部粘烤盘，可依照烤盘大小裁剪。清洗干净后可以重复使用，但要避免尖锐器具刮伤。

烤焙纸（Baking Paper）海绵蛋糕围边或平板戚风蛋糕铺底时需要垫一层烤焙纸，以防止粘烤盘，方便拿取。这种烤焙纸材质为白纸，不是防粘材质。可以在烘焙材料店整卷购买，再依照烤盘尺寸裁剪成适合的大小。

防粘烤焙纸（Parchment Paper）可以避免成品底部粘烤盘，大多是卷筒式，一次性抛弃型，可以依照烤盘尺寸裁剪。

铝箔纸（Aluminum Foil）包覆、分离烤模底部防止渗漏时使用。

厚手套（Oven Glover）拿取烤盘时使用，材质要厚一点才可以避免烫伤。

铁网架（Cooling Wrack）成品烤好且脱模后，要放在铁网架上散热凉凉。

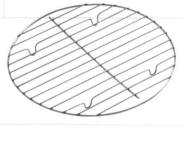

温度计（Thermometer）煮糖、煮水时用来测量温度。

压派石（Pie Weights）烘烤派的时候，在派皮上放上一些小石头，烘烤过程中派皮才会平整。可以直接使用洗干净的小石头，也可以用黄豆或红豆等代替，烘烤后收起来，保持干燥可以重复使用。

钢尺（Steel Rule）尺上有刻度，方便测量及分割面团时使用，不锈钢材质耐用又易清洗。

滚轮刀（Wheel Cutter）切割饼干或比萨饼时使用，有锯齿形与标准形两种。

竹签（Bamboo Skewers）测试蛋糕中心是否烤熟，用竹签插入蛋糕中心，没有粘面糊，蛋糕即熟。

B. 各式模具

不可分离式烤模（Baking Pan）适合制作磅蛋糕、海绵蛋糕。

ⓐ
圆形蛋糕模
（Round Pan）

ⓑ
长方形烤模
（Loaf Pan）

ⓒ
正方形烤模
（Square Pan）

戚风蛋糕专用分离式烤模（Springform）不能用防粘烤模或在烤模中抹油，因为戚风蛋糕烤好之后必须倒扣，如果用防粘烤模就会马上倒出来。戚风蛋糕膨松柔软，是因为倒扣之后内部水分蒸发，蛋糕才不会收缩。戚风蛋糕烤模底板有平板与中空两种，可依照成品外观选用。

派盘（Pie Pan）甜、咸派专用。

分离式挞盘（Tart Pan）挞类点心专用，小型挞盘适合做蛋挞、水果挞类点心。

布丁模（Pudding Cup）除了烤布丁之外，也可以当马芬模使用，有不锈钢材质及瓷质等。

抛弃式烤模（Baking Cup）纸制或铝箔材质，一次性使用。

贝壳烤模（Seashell Cup）小型磅蛋糕烤模，玛德莲专用。

硅胶烤模（Silicone Baking Cup）硅胶制品，防粘且耐高温，可以重复使用。

挤花袋与各式挤花嘴（Piping Bag & Nozzle）挤饼干面糊或装饰鲜奶油时使用，可做出特殊的花纹。有塑料和帆布两种材质，塑料材质的清洗与保存较方便。挤花嘴常使用直径为1cm的圆形与星形，可依照实际需要添购。

饼干模（Cookie Cutters）有多种形状，可以快速做出形状可爱的饼干。

制冰盒（Ice Tray）制作冰块时使用，因造型多变，也可以当糖果模使用。

油力士纸模（Baking Cup）制作杯子蛋糕等小型蛋糕时使用。

烘焙材料图鉴（Ingredients）

成功制作点心的关键在于掌握材料的特性与风味，所以使用新鲜的材料是成品成功的重要因素。只要了解各种材料的特性，就能降低烘焙失败的概率。

A. 粉类

中筋面粉（All Purpose Flour）蛋白质含量次高，为10%～11.5%，用于酥皮类面团可以增加筋性。

全麦面粉（Whole - Wheat Flour）用整粒的麦子磨成，包含了麸皮。制作甜点时，添加适量的全麦面粉可以满足高纤维的需求。筋性接近中筋面粉。

低筋面粉（Cake Flour）蛋白质含量最低，为5%～8%，面粉筋性最低，适合做饼干、蛋糕类组织酥松的产品。

高筋面粉（Bread Flour）蛋白质含量最高，为11%～13%，适合做面包、油条。高筋面粉中的蛋白质会因为搓揉、甩打而慢慢联结成链状，经酵母作用产生二氧化碳，使面筋膨胀，形成面包中独特的膨松气孔。

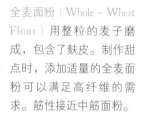

太白粉（Potato Starch）由马铃薯或木薯淀粉制成，没有筋性，一般在料理中常用于勾芡。添加在甜点中可以形成特殊口感，使成品酥脆。

玉米淀粉（Corn Starch）用玉米提炼出来的淀粉，没有筋性，在糕点中添加适量可以降低整体筋性，使成品更松软。

米粉（Rice Flour）由大米加工制成，不具黏性和筋性，较松散，适合制作萝卜糕、河粉等食品。糕点中添加适量可以降低整体筋性，使成品更酥松。

无糖纯可可粉（Unsweetened Cocoa Powder）可可豆去除可可脂后剩余的材料磨成的粉，适合在糕点中使用。

速溶咖啡粉（Instant Coffee）香气和味道较重。使用前先溶解于配方中的热水或热牛奶中，以制作咖啡口味的点心。

黄豆粉（Yellow Bean Powder）熟黄豆干燥后磨成的粉，成品有特别的香味。通常用于糕点的制作，如在制作蛋挞、马芬和司康等点心时，就可以加入黄豆粉，除了可以增添豆香外，还能让成品更加爽口、健康。

抹茶粉（Green Tea Powder）将天然的抹茶研磨成粉末状，微苦中带有清新的茶香。可以加入成品中增添日式风味。

即食燕麦片（Oats）经过开水冲泡就可以直接食用，富含膳食纤维。

肉桂粉（Cinnamon Powder）是用樟科植物天竺桂的树皮或枝干制成的粉末，具有特殊的芳香。

海苔粉（Seaweed Powder）是海中藻类生物晒干后磨成的粉末，添加在甜点中可以增加特别的咸香风味。

B. 糖类

糖粉（Powdered Sugar）将细砂糖磨成更细的粉末，适合制作口感细腻的点心。可以快速溶化在材料中。若其中添加少许淀粉，可以作为蛋糕装饰使用，不怕潮湿。

红糖（Dark Brown Demerara Sugar）是没有经过精制的粗糖，风味特殊，矿物质含量更多，颜色很深，呈深咖啡色。

黄砂糖（Brown Sugar）含有少量矿物质和有机物，因此呈淡褐色。因为颗粒较粗，若要添加在甜点中，必须事先加入配方的液体中溶化。

蜂蜜（Honey）是蜜蜂用采集的花蜜酿成的黏稠液体，用于烘焙中可以增加特殊的风味。

细砂糖（Castor Sugar）精制度高，颗粒大小适中，可以快速、均匀地溶解在液体材料中，具有清爽的甜味，最适合制作西点。

枫糖浆（Maple Syrup）由采收自枫树的汁液提炼而成，具有特殊的风味与香气。

麦芽糖（Maltose）用麦芽提炼而成，甜度比蔗糖低，颜色金黄，富有光泽，有黏性。

水麦芽（Maltose）由淀粉加热水发酵而成，易溶于水，具有一定的黏稠度，甜度比蔗糖低。因为颜色较淡，故也称为水饴。

C. 油脂类

无盐奶油与有盐奶油（Butter）动物性油脂，从鲜奶中脂肪含量最丰富的一层中提炼出来，分为无盐与有盐两种。一般甜点大多使用无盐奶油；但是特殊口味的甜点会使用有盐奶油，可以降低整体甜腻感。

食用植物油（Vegetable Oil）属于液状油脂，不含胆固醇，大豆油、玉米油、橄榄油、葡萄子油和芥花油等都属于此类油脂。

动物性鲜奶油（Whipping Cream）由牛奶提炼而来，口感比植物性鲜奶油佳。适合加热使用，打发的时候需要添加细砂糖才有甜味。可以用于料理中，如制作白酱、浓汤等。鲜奶油开封后，要密封并放入冰箱冷藏，开口处要保持干净，用完马上放入冰箱，这样可以延长保存期限。不可以冷冻，否则会造成油水分离而无法打发。

D. 奶类

牛奶（Milk）可以代替清水，以增加成品香气及口味。可以使用鲜牛奶或用奶粉冲泡，全脂或低脂的都可以。最好使用室温牛奶，这样不影响烘烤温度。如果用奶粉冲泡，则为90mL水 + 10g奶粉 = 100mL牛奶。

炼乳（Condensed Milk）是鲜奶添加砂糖熬煮而成的浓缩制品，水分含量只有一般鲜奶的1/4。少量添加就可以获得浓郁的奶香味。

酸奶油（Sour Cream）是用更高乳脂含量的奶油经细菌发酵制作出的含有0.5%以上乳酸的奶油制品。经过发酵，奶油会变得更浓稠，也有酸味。

E. 起司（乳酪）类

马斯卡朋起司（Mascarpone Cheese）脂肪含量高，属于天然、未经熟成的新鲜起司。口感细腻清新，是制作意大利经典甜点——提拉米苏的主要原料。

奶油乳酪（Cream Cheese）从全脂牛奶中提炼而来，脂肪含量高，属于天然、未经熟成的新鲜乳酪。质地松软，奶味香醇，是最适合制作甜点的乳酪。

乳酪片（Cheese Slice）乳酪片为加工乳酪，口味多，食用方便，保存期限较长。

帕梅森起司粉（Parmesan Cheese）帕梅森起司原产于意大利，是一种硬质陈年起司，蛋白质含量丰富且含水量低，味道香浓，可以长时间保存。添加在甜点中可以调整甜度并增加特别的风味。

F. 果干类

坚果（Nuts）如核桃仁、杏仁等。购买的时候注意保质期，买回家必须放入冰箱冷冻室保存，以免产生臭油味。

大杏仁粒（Almond）大杏仁去皮切成颗粒状，适合用来增加饼干口感及表面装饰。

派馅罐头（Cocktail Fruit in Syrup）派馅专用水果罐头，可以直接使用。

大杏仁粉（Almond Powder）大杏仁在西点中使用概率很高，大杏仁与中式南北杏仁不同，没有特殊且强烈的气味。大杏仁带有浓郁的坚果香，很适合添加在糕点中增加风味，但需冷藏保存。将其磨成粉状，适合添加在蛋糕、饼干中以增加酥松感，也是制作马卡龙的重要材料。

干燥水果干（Dried Fruit）如蔓越莓干、杏干、桂圆干、葡萄干、无花果干等。由天然水果不添加糖干燥而成。天气潮湿时，最好放入冰箱冷藏保存。

G. 香料类

香草荚〔Vanilla Pod〕由爬蔓类兰花科植物的果荚经发酵干燥制成，具有甜香的味道。添加在西点中，可以去除蛋腥味，使味道更甜美。使用方法：用小刀将香草荚从中间剖开，将香草子刮下来，再将整支香草荚与香草子一起放入要使用的食材内，以增加香味。

香草精〔Vanilla Extract〕由香草荚蒸馏萃取制成，使用更方便，添加在成品中可去除蛋腥味，直接加入材料中混合使用。

朗姆酒〔Rum〕以甘蔗为原料酿制的酒。口感微甜，风味清淡典雅，非常适合添加在糕点中。

白兰地〔Brandy〕制作白兰地的原料是葡萄，是将葡萄汁经蒸馏及发酵后制成的，蒸馏后的白兰地必须储存在橡木桶中醇化数年。橡木的色素溶入酒中，呈褐色。存放年代越久，颜色越深越珍贵。

君度橙酒〔Cointreau〕又名"康图酒"，是用橙皮酿制的酒，味道香醇，适合添加在甜点中。

卡鲁哇香甜咖啡酒〔Kahlua〕带有浓郁咖啡香的甜酒，适合制作咖啡味成品或提拉米苏。

H. 凝固剂

明胶〔Gelatine〕又称吉利丁或鱼胶，是从动物的骨头（多为牛骨或鱼骨）中提炼出来的胶质。可用于制作慕斯类及果冻类产品，成品入口即化，口感很好。明胶有片状和粉状两种：片状使用前泡在冰水中软化；粉状要直接放入少量冷水中，膨胀后使用。一定要将明胶粉放入冷开水中，若是将冷开水倒入明胶粉中，会导致结块而无法混合均匀。等到明胶粉泡胀后，采用隔水加热的方式使之熔化，这样就可以加入果汁或奶酪中混匀了。

寒天粉〔Agar〕由海藻提炼而成的植物胶，含有大量的膳食纤维，吸水性强，凝固力高，可以用来制作果冻。

柠檬酸（Citric Acid）从柠檬或柑橘类水果中提炼而来，属于有机弱酸，为天然防腐剂，添加在软糖中可帮助果胶凝结。

果胶粉（Pectin）是从水果（主要为苹果或柑橘类果皮）中抽取而来的碳水化合物胶质，需在高糖浓度液体和酸溶液中才能形成胶体，形成的胶体不可逆，常用来制作果酱、软糖。

I. 其他

盐（Salt）可以增加面粉的黏性及弹性，将少量的盐添加在西点中，可使甜度适宜，降低甜腻感。

鸡蛋（Egg）是制作蛋糕、点心时非常重要的材料，可以增加成品的色泽与味道。蛋黄中含有的某些成分具有乳化作用。不论是全蛋还是蛋白，都可以通过搅打使蛋糕体积膨大。鸡蛋约含75%的水分。1个鸡蛋净重约50g，蛋黄约占整个鸡蛋质量的33%，所以蛋黄约为17g，蛋白约为33g。

红枣（Chinese Red Date）干燥红枣鲜甜，含有丰富的维生素，适合熬煮成甜馅。

黑枣（Black Jujube）比红枣大，经干熏制作而成。枣肉厚实，带有烟熏味，可与红枣混合制作枣泥馅。

玉米脆片（Corn Flakes）经煮熟、压制和热烘干的玉米，可制作成薄而松脆的片状食品。

棉花糖（Marshmallow）是用玉米糖浆和胶质材料制成的糖果，具有棉花般柔软而膨松的口感。

巧克力（Chocolate Block）适合熔化后添加在甜点中，使味道更浓郁，也可以用来做装饰。加热时温度不可以超过50℃，也不可以加热过久，以免巧克力出现油水分离现象而失去光泽。

Part1 甜点制作的基本概念与技巧

甜点制作的基本概念 (Basic Concept)

利用蛋、糖、面粉与油脂四种基本材料，就可以烘烤出各式各样的糕点。如果再利用材料分量的变化，又可以创造出厚实或松软的不同口感。本书按制作方式不同，分为饼干，蛋糕，挞、派与其他甜点三大类。下面是甜点制作的基本概念，最好熟记，有助于更顺利地烤制甜点。

◎ 材料称量

准确地称量材料非常重要，使用电子秤或普通秤都可以。称量时，要将装材料的容器重量扣除。电子秤最小可以称量到1g，普通秤最小可以称量到10g。称量少量材料时，可以使用量匙，使用量匙时可以多舀取一些，再用小刀或汤匙背刮平为准。量杯在称量液体材料时使用，材质以耐热玻璃为佳，可以用微波炉加热使用。

◎ 粉类过筛

过筛可以使粉类中不同的材料混合得更均匀，不会只集中在某处，也可以将结块的部分打散。这种做法使面粉中充满空气，有利于与其他材料混合，也让成品更膨松可口。

◎ 奶油软化

无盐奶油需放在室温中回软，不过不需要太软，只要用手指可以按压出坑即可。冬天天气冷，奶油比较硬，可以将奶油切成薄片，铺在不锈钢盆底，放在窗边有阳光的地方或是厨房比较暖和的位置，就会使奶油软化的速度加快。若需要将糖与奶油混合打发，奶油不能熔化使用，否则无法做出膨松的口感。

◎ 烤箱预热

不论制作什么样的甜点，在使用烤箱烘烤之前，一定要记得必须预热。预热的主要目的是让热气在烤箱中流动，让饼干或蛋糕能够充分、均匀地受热，不会影响成品的成熟度和色泽。但如果温度没有达到，热气无法迅速传递到甜点内部，就会导致外焦内不熟的结果。一般而言，要达到160℃必须至少预热10min，因为每台烤箱都会有温差，所以本书中的温度与时间是以作者家中的烤箱为基准的。如果刚开始对家中的烤箱温度不熟悉，烤箱又没有预热指示灯的话，最好仔细记录每一次烘烤的温度与时间，找出自己家烤箱的合适温度。如果用本书中的温度烘烤很难上色，那就调高10℃再试试，表示烤箱的温差是10℃。烘烤过程中，如果成品表面已经上色，但时间还没有到，可以迅速打开烤箱，在表面覆盖一张铝箔纸，以避免表面烤焦。烘烤饼干时也要适时调转烤盘方向，以利于上色均匀。采用这些调整方式，不管是怎样的烤箱，都可以烤出漂亮的成品。

甜点制作的基本技巧 (Skill)

除了材料称量、粉类过筛、奶油软化与烤箱预热外，烘焙甜点时，还有一些重要的基本技巧，如烤模的使用、蛋白与蛋黄的保存、鲜奶油的打发等，熟悉这些技巧，就会让糕点变得更多样。

烤模的使用

做甜点的烤模种类非常多，下面将常用的烤模大概分类，给需要的朋友参考。不同的烤模适合不同的甜点类型，正确的步骤可以使成品完美出炉并顺利脱模。

一　戚风蛋糕专用分离式烤模

戚风蛋糕专用烤模底板为分离式，分为平板与中空两种，不可以使用防粘材质。两种底板分量都是一样的，可以按需要选择。中空的好处是温度平均，平板的好处是适合当作生日蛋糕体，中间没有中空的洞，抹奶油装饰比较适合。

戚风蛋糕烤模不能用防粘材质或是事先抹油、撒粉，因为成品一拿出烤箱就必须倒扣放凉，如果使用防粘材质的烤模，蛋糕膨胀有限，而且防粘材质的烤模不能支撑，一倒扣蛋糕会马上掉下来。戚风蛋糕膨松柔软，是因为倒扣之后内部的水分可以蒸发，蛋糕才不会回缩。所以戚风蛋糕都是会粘在模具上，这样倒扣时才有支撑力可以撑住。[图1]

二　不可分离式长方形模

以下两种方式都可用于烘烤磅蛋糕。

Ⓐ 铺烤焙纸：

1. 将烤焙纸剪成与烤模同样的大小。[图2、图3]
2. 在直角处剪开。[图4]

3. 在烤模上涂抹一层薄薄的奶油。[图5]

4. 将剪好的烤焙纸铺入烤模中。[图6]

5. 成品烘烤好之后倒扣出来，放凉后将烤焙纸撕除。

Ⓑ 抹油、撒粉：

1. 在烤模上涂抹一层薄薄的无盐奶油（分量外）。[图7]

2. 撒上一层薄薄的低筋面粉，多余的倒出。[图8、图9]

3. 烤好的成品直接倒出烤模放凉即可。

三 　布丁烤模

适合烘烤岩浆蛋糕或杯子磅蛋糕。

1. 在烤模上涂抹一层薄薄的无盐奶油（分量外）。[图10]

2. 撒上一层薄薄的低筋面粉，多余的倒出。[图11]

3. 烤好的成品直接倒出烤模放凉即可。

四 　玛德莲烤盘

适合烘烤玛德莲蛋糕等小型磅蛋糕。

1. 在烤模上涂抹一层薄薄的无盐奶油（分量外）。[图12]

2. 撒上一层薄薄的低筋面粉，多余的倒出。[图13、图14]

3. 烤好的成品直接倒出烤模放凉即可。

五 挞、派盘

适合烘烤酥皮派及水果挞。

1. 在烤模上涂抹一层薄薄的无盐奶油（分量外）。（图15、图16）
2. 撒上一层薄薄的低筋面粉，多余的倒出。（图17）
3. 烤好的成品直接移出模具放凉即可。

六 圆形不可分离式烤模

用于烘烤轻乳酪蛋糕、海绵蛋糕或磅蛋糕。

1. 用烤焙纸剪出同烤模底部一样大的圆形及覆盖烤模侧面一圈的形状。（图18）
2. 在烤模上涂抹一层薄薄的奶油。（图19）
3. 将剪好的烤焙纸铺入烤模中。（图20、图21）
4. 成品烘烤好之后倒扣出来，放凉后将烤焙纸撕除。

七 平板烤盘

　　平板烤盘是烤蛋糕卷时使用的，大多直接使用烤箱附带的烤盘。材质防粘或不防粘都没有关系，但是烤平板蛋糕前，必须事先在烤盘上铺一层烤焙纸（用防粘烤焙纸不适合）。

　　蛋糕烤好后取出，马上移出烤盘，将四周的烤焙纸撕开散热，完全放凉后将蛋糕翻过来，将底部烤焙纸撕开即可。

1. 将烤焙纸剪成比烤盘四周大2～3cm的大小。
2. 在四个角剪出45°的切口。（图22）
3. 将烤焙纸铺入烤盘中贴紧即可。（图23、图24）

挤花袋的使用方法

市面上的抛弃式挤花袋有不同的尺寸，搭配不同形状的挤花嘴就可以制作出不同的花样，使用起来更方便。可爱的挤花让甜点更吸引人，为成品加分。

❀ 做法

1. 选择抛弃式挤花袋及适合的挤花嘴。〔图1〕
2. 挤花袋的前端开口按照挤花嘴大小做合适的裁剪，开口处要小于挤花嘴的最大直径。〔图2〕
3. 将挤花嘴套入挤花袋中。〔图3〕
4. 前端开口处旋转几圈，先用夹子夹紧。〔图4〕
5. 挤花袋套入一个宽口杯子中，周围的袋子反折下来。〔图5～图7〕
6. 将适当分量的面糊倒入。〔图8〕
7. 挤面糊前，将面糊往前端推，拿掉夹子即可操作。〔图9〕

▶ 小叮咛——挤花袋也可以购买可重复使用的材质，使用方法与抛弃式挤花袋相同，用完后清洗干净，晾干后即可再次使用。

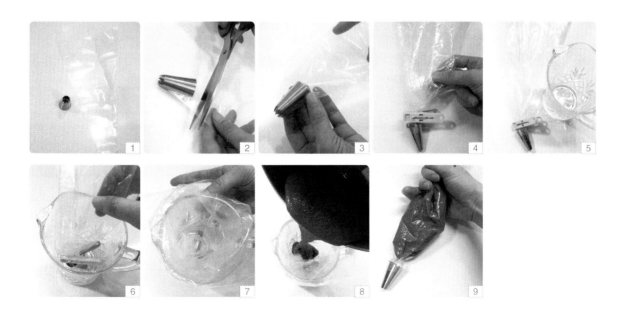

蛋白与蛋黄的保存

做点心难免有只需要使用蛋白或蛋黄的时候，这些多出来的蛋黄与蛋白如果短时间内用不到，可以放入冰箱冷冻保存，一个一个分别包好，非常方便。想做戚风蛋糕多一个蛋白的配方或杏仁瓦片的时候就可派上用场，效果和新鲜鸡蛋一样。

多一道工序，下次就不需要为多余的蛋黄或蛋白伤脑筋了。

A 蛋黄的保存

❄ 材料——蛋黄1个 细砂糖1/4小匙
❄ 工具——塑料蛋盒 保鲜膜 橡皮筋

❄ 做法

1. 用分蛋器将蛋白与蛋黄分离。〔图1〕

2. 从保鲜膜上取下约20cm×20cm的大小，包覆在小碟子上，将分离出的蛋黄倒入。〔图2〕

3. 将细砂糖加入蛋黄中，混合均匀至细砂糖完全溶化在蛋黄中。〔图3、图4〕

4. 将保鲜膜的开口束起捏紧，用橡皮筋缠紧。〔图5、图6〕

5. 一个一个地装进洗净的塑料蛋盒中，放入冰箱冷冻保存。

6. 此蛋黄可以冷冻保存3～4个月。

7. 使用前自然解冻即可。

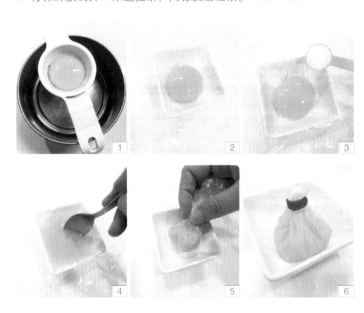

B 蛋白的保存

◎ 材料——蛋白1个

◎ 工具——塑料袋 保鲜膜 橡皮筋

◎ 做法

1. 用分蛋器将蛋白与蛋黄分离。
2. 从保鲜膜上取下约20cm×20cm的大小，包覆在小碟子上，将分离出的蛋白倒入。〔图7〕
3. 将保鲜膜的开口束起捏紧，用橡皮筋缠紧。〔图8、图9〕
4. 也可以将多个蛋白一起装入塑料袋中。〔图9〕
5. 放入冰箱冷冻，可以保存3~4个月。
6. 使用前自然解冻或用刀切下需要的分量即可。

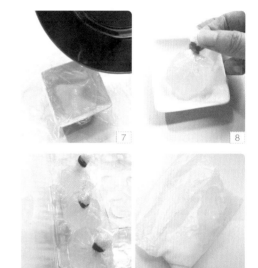

柠檬汁的保存

买了一袋柠檬却来不及使用的时候，将柠檬全部榨出汁液冷冻成小块，就可以保存很久。打蛋白霜或需要使用柠檬汁的时候，就可以拿取一块使用，非常方便。小小的动作，大大的便利！

◎ 材料——柠檬

◎ 工具——制冰盒

◎ 做法

1. 将柠檬洗干净，切成两半。
2. 用榨汁器将柠檬汁榨出来。〔图1、图2〕
3. 将柠檬汁倒入制冰盒中冷冻成块。〔图3、图4〕
4. 冻硬了之后，从制冰盒中倒出，放入密封盒中冷冻保存。可以保存5~6个月。〔图5〕

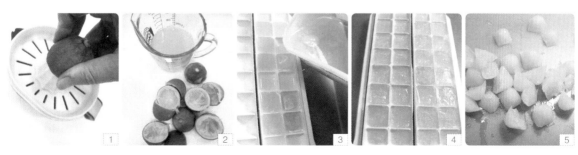

糖渍柠檬皮

利用新鲜水果做成的蜜饯，味道特别清香，非常适合添加在甜点中搭配使用。

🌼 材料——

黄柠檬皮140g（约3个的分量）
细砂糖140g（分成3份） 橙酒1大匙
柠檬汁60mL

🌼 做法

1. 将黄柠檬洗干净，将皮剥下。〔图1、图2〕

2. 放入水中煮3～5min捞起，再换干净的水煮3～5min，总共煮3次。〔图3、图4〕

3. 一开始先加入橙酒、柠檬汁及细砂糖的1/3，搅拌均匀。〔图5、图6〕

4. 中小火慢慢熬煮10～15min后，再加入1/3的细砂糖，继续用小火熬煮。〔图7〕

5. 汤汁收干到一半后关火，盖上盖子静置一夜。

6. 第二天再加入剩下的细砂糖，继续用小火熬煮至汤汁收干即可。〔图8、图9〕

7. 装瓶凉透，放入冰箱冷藏保存约1年。

8. 此糖渍柠檬皮可添加在甜点中。

▶ 小叮咛——黄柠檬皮也可以用柳橙或茂谷柑的皮代替。

焦糖酱

糖经加热煮到焦香，产生自然的微苦风味，添加到成品中以增加特殊味道。

✿ 材料——

细砂糖50g 冷开水15g 热水10g

✿ 做法

1. 将冷开水及细砂糖放入不锈钢盆中。〔图1〕
2. 轻轻摇晃一下不锈钢盆，使细砂糖与冷开水混合均匀。〔图2〕
3. 开小火煮糖液，一开始不要搅拌，搅拌了糖会煮不溶而造成返砂现象。〔图3〕
4. 慢慢糖液会变成咖啡色。〔图4、图5〕
5. 当糖液开始变成深咖啡色并冒大泡时，将热水倒入，用木匙轻轻搅拌均匀。〔图6〕
6. 再煮5～10s后关火。
7. 糖液完全凉了之后会变得更浓稠。〔图7〕

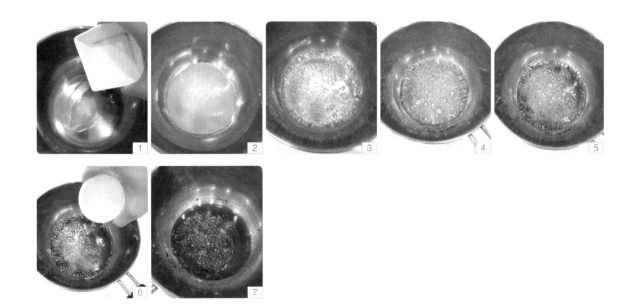

奶油焦糖酱

　　焦糖特殊的微苦风味入口难忘，很适合添加在咖啡或甜点中。小小的酱料可以创造出不同的变化，能适时地为成品加分。

❀ 材料——
细砂糖50g　冷开水15mL　动物性鲜奶油50mL

❀ 做法

1. 将细砂糖及冷开水放入不锈钢盆中。【图1】
2. 轻轻摇晃一下不锈钢盆，使细砂糖与冷开水混合均匀。【图2】
3. 将动物性鲜奶油加热至50℃左右。
4. 开小火煮糖液，一开始不要搅拌（搅拌了糖会煮不溶）。【图3】
5. 当糖液开始变成咖啡色后，用木匙轻轻搅拌均匀。【图4～图8】
6. 当糖液煮成深咖啡色并冒大泡后马上关火，将温热的动物性鲜奶油倒入，迅速搅拌均匀，再持续加热1min至材料浓稠后即成奶油焦糖酱。【图9～图11】
7. 放凉后装瓶，放入冰箱冷藏保存。咖啡、甜点都可以淋洒，以增加香气。

▶ 小叮咛——浓度可通过自行增减动物性鲜奶油的分量来调整。

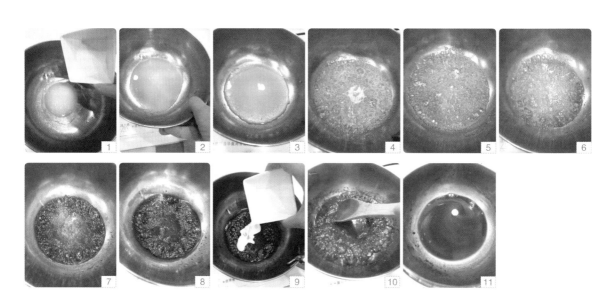

自制新鲜乳酪

利用柠檬中的酸和牛奶中的蛋白质结合会凝固的特性，就可以简单地做出新鲜乳酪。自制的新鲜乳酪，乳脂肪低，带有微甜、清新的味道，拌上自制果酱就是饭后完美的句号。

✿ 材料

全脂鲜奶1000mL　原味酸奶130g
柠檬汁1.5大匙

✿ 工具

过滤筛网

✿ 做法

1. 将柠檬榨出汁液，取1.5大匙。〔图1、图2〕
2. 将全脂鲜奶和原味酸奶放入锅中混合均匀。〔图3〕
3. 将柠檬汁加入，混合均匀。〔图4、图5〕
4. 用小火加热。〔图6〕
5. 注意不要加热到沸腾，看到牛奶中有蛋白质结块形成、有透明的乳清出现后关火。〔图7、图8〕
6. 将成品用过滤筛网过滤，静置至乳清沥干。〔图9、图10〕
7. 过滤在筛网上的就是新鲜乳酪。〔图11〕
8. 此新鲜乳酪要放入冰箱冷藏，可以保存4～5天。可以用来做甜点，或直接淋上果酱，加一块水果食用。
9. 剩下的乳清营养价值高，可以喝掉，或做面包时代替配方中的液体使用。〔图12〕

▶ 小叮咛——a. 没有酸奶的话，请用全脂鲜奶或动物性鲜奶油代替，柠檬汁改为2大匙。
　　　　　b. 柠檬汁也可以用白醋代替。

蜜红豆粒

红豆煮至刚好软但没破裂的程度，再用糖浸渍入味，成品就可以添加在甜点中使用，以增加浓浓的日式风味。

◎ 材料——

红豆100g 水200mL 黄砂糖150g

◎ 做法

1. 红豆清洗干净后将水沥干。

2. 加入200mL水浸泡至少6h（如果天气热，浸泡过程可以在冰箱中进行）。〔图1、图2〕

3. 将泡好的红豆连同浸泡的水一起放入电子锅中，每次在外锅中放一杯水，蒸煮两次至红豆变软。〔图3〕

4. 将红豆水倒出（倒出的红豆水可以加点糖喝掉，可消水肿）。〔图4〕

5. 将黄砂糖倒入红豆中混合均匀。〔图5、图6〕

6. 再放入电子锅中，外锅中放1/2杯水蒸煮一次，取出放凉即可。〔图7、图8〕

7. 做好的蜜红豆粒可以添加在面包或点心中当作配料。

8. 短时间用不完的话，可以放入冰箱冷冻保存。

香草酒与香草糖

在甜点中经常会出现的香草（Vanilla），可以增添成品风味并且去除蛋腥味，是少不了的一款调味料。香草原产于墨西哥，是兰花的一种，与番红花是同样珍贵的香料植物。新鲜的香草荚香气自然，黑色的豆荚中有许多黑色种子，少量添加在甜点中就可以获得很好的效果。

整根香草荚有浓郁的香气。将黑色种子取出，制作糕点后剩下的豆荚不要丢弃，保留起来用糖或烈酒浸泡后就是风味绝佳的自然香料，做甜点、咖啡时十分好用。

◎ 材料——

A. 香草荚适量　细砂糖

B. 香草荚适量　烈酒（朗姆酒、波本威士忌、威士忌、白兰地、伏特加等）

◎ 做法

1. 将两三根已经取出香草子的香草荚放入罐子中，覆盖上足量的细砂糖。〔图1～图3〕
2. 将两三根已经取出香草子的香草荚放入罐子中，倒入足量的烈酒。〔图4～图6〕
3. 室温保存。
4. 1个月后香味会更明显。〔图7〕

► 小叮咛——a. 请将新鲜香草荚密封放入冰箱冷藏或冷冻保存。

　　　　　　b. 材料的比例可以自行调整，香草荚放得越多，香气浓度越高。

奶油糖打发

饼干是制作甜点的基础，只要有少量的工具就可以完成。要做出好吃的奶油饼干，将奶油打发、让空气进入是重要的步骤。只要确实做完以下几个程序，成品就可以获得膨松的口感。

⚙ 做法

1. 无盐奶油回复到室温，至手指按压有小坑的程度，然后切成小块
   （夏天气温高，奶油不要回温到太软，以免容易熔化成液态，导致无法打发；冬天天气冷，奶油比较硬，可以将奶油切成薄片，铺放在不锈钢盆底，放在窗边有阳光的地方或厨房比较暖和的位置，就会使奶油软化的速度加快）。（图1～图3）

2. 将切成小块的奶油放入搅拌用钢盆中，用打蛋器将奶油压软。（图4）

3. 用打蛋器将奶油搅打成乳霜状，如果奶油粘在打蛋器上，直接将打蛋器用力敲一敲，将奶油敲下来，然后继续重复搅打的动作。（图5、图6）

4. 搅拌至奶油中没有块后就可以将糖加入了。（图7）

5. 加入糖之后继续快速搅拌，将奶油打至膨松，打蛋器提起时奶油尾端呈直立状且颜色较原来更淡即可（此过程夏天需1～2min，冬天需2～3min）。（图8）

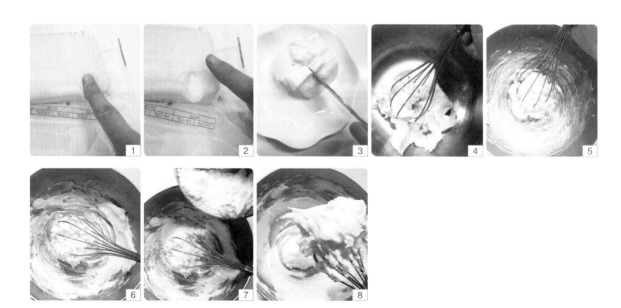

法式蛋白霜打发

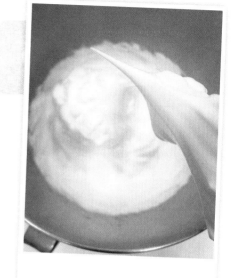

鸡蛋由蛋白与蛋黄组成，其中的蛋白是非常好的发泡材料，可以让蛋糕成品自然膨胀，达到组织松软可口的目的。在打发蛋白的过程中加入一些酸性的材料，可以使打发效果更稳定，泡沫也不容易消失。

❀ 材料

蛋白2个 细砂糖40g 柠檬汁1/2小匙

❀ 做法

1. 将鸡蛋从冰箱中取出，用分蛋器分开蛋白与蛋黄，蛋白不可以沾到蛋黄、水分及油脂。〔图1〕
2. 将蛋白放入搅拌用钢盆中，先用手提式电动打蛋器中速打出一些泡沫。〔图2、图3〕
3. 然后加入柠檬汁及一半分量的细砂糖。〔图4〕
4. 将速度调整到高速，搅打1~2min。〔图5〕
5. 当泡沫变多也变得更细致时，将剩下的细砂糖加入，持续高速搅打。〔图6〕
6. 搅打3~4min，拿起打蛋器，若蛋白霜呈弯曲状即为"湿性发泡"。〔图7〕
7. 继续高速搅打4~5min，拿起打蛋器，若蛋白霜呈现尾端挺立的状态即为"干性发泡"。〔图8、图9〕

▶ 小叮咛——柠檬汁可以用同分量的白醋或1/8小匙盐代替。

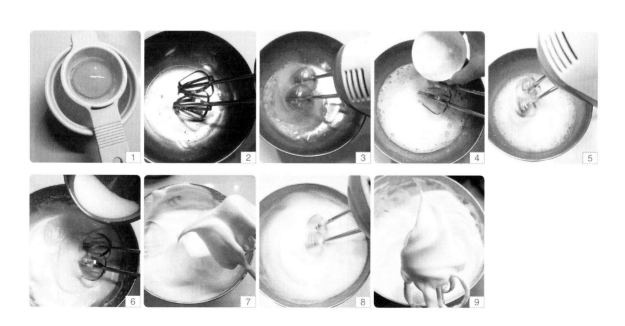

全蛋打发

　　全蛋打发时稍微加热，使鸡蛋表面的张力变弱而更容易起泡，打发及膨胀效果也更稳定。温度只要调节到与体温相当的程度即可，太烫是会让鸡蛋凝结的。以下为两种简单且易操作的全蛋打发的方法，可以按照自己的习惯选择任意一种方法制作。

◎ 做法 1（天气较温暖时适用）

1. 准备一个搅拌用钢盆，加入水煮至50℃关火。〔图1〕

2. 将完全回复至室温的鸡蛋放入50℃的温水中浸泡5~6min（水温不可以超过50℃，以免鸡蛋烫熟）。〔图2〕

3. 将温热的鸡蛋放入盆中，加入细砂糖，用打蛋器打散，混合均匀。〔图3、图4〕

4. 用手提式电动打蛋器高速搅打，将蛋液打发。〔图5、图6〕

5. 打到蛋糊膨松泛白，拿起打蛋器后滴落下来的蛋糊有非常清楚的折叠痕迹即可（全过程8~10min）。〔图7〕

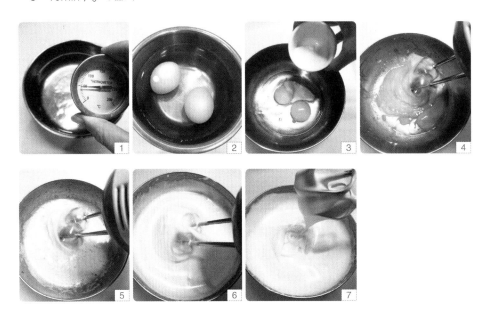

◎ 做法 2（天气较冷时适用）

1. 准备一个搅拌用钢盆，加入水煮至50℃关火。〔图8〕

2. 将完全回复至室温的鸡蛋与细砂糖一起放入盆中。〔图9〕

3. 用打蛋器将鸡蛋与细砂糖打散。〔图10〕

4. 将钢盆放在已经煮至温热的水中，用隔水加热的方式加热。〔图11〕

5. 用电动打蛋器高速将蛋液打发。〔图12〕

6. 不时用手指试一下蛋液的温度，若感觉与体温相近（37~40℃），就将钢盆从温水上移开。〔图13〕

7. 移开后继续高速将蛋液打发。〔图14〕

8. 打到蛋糕膨松，拿起打蛋器后滴落下来的蛋糊有非常清楚的折叠痕迹即可（全过程8~10min）。〔图15、图16〕

鲜奶油打发

如果天气比较热，动物性鲜奶油是不易操作的，打发之前一定要冰透，也就是放入冰箱冷藏至少1天，回温后打发效果不好。液状未打发的动物性鲜奶油一定要放入冰箱的冷藏室，不可放入冷冻室。使用前，将动物性鲜奶油上下摇均匀，因为乳脂容易沉底，乳脂太少不易打发，乳脂含量在35%（含）以上才适合。打发过程至少需要10min，鲜奶油开始变得比较浓稠后就要注意，以免打过头导致油水分离。动物性鲜奶油要保持开口干净，可以放入冰箱冷藏1个月左右，不可以冷冻，不然解冻后油水分离，就没有办法恢复了。应用多少倒多少，倒完后马上放入冰箱，这样可以延长保质期。打发的鲜奶油可放入冰箱冷藏3~4天。

A 一般打发动物性鲜奶油

❀ 材料——动物性鲜奶油300g 细砂糖30g

❀ 做法

1. 将细砂糖加入动物性鲜奶油中。〔图1〕

2. 用电动打蛋器低速打发至鲜奶油尾端挺立。〔图2、图3〕

3. 打发好的鲜奶油放入冰箱冷藏备用（气温高时钢盆底部要垫冰块，低速慢慢打发，这样不容易产生油水分离的现象）。

B 较不易熔化的鲜奶油

❀ 材料——明胶粉4g 冷开水8g 动物性鲜奶油300g 细砂糖30g

❀ 做法

1. 将冷开水倒入明胶粉中混合均匀。〔图4、图5〕

2. 混合均匀后静置5～6min，等待明胶粉完全吸水膨胀。〔图6〕

3. 准备一个稍微大点的锅，加入适量的水煮沸。

4. 用隔水加热的方式将明胶粉完全熔化成液体。〔图7〕

5. 将细砂糖加入动物性鲜奶油中。〔图8〕

6. 用电动打蛋器将鲜奶油低速搅打至不流动且五六分发的程度。〔图9、图10〕

7. 将熔化的明胶液加入。〔图11〕

8. 再低速搅打2～3min至鲜奶油尾端挺立。〔图12、图13〕

9. 打发好的鲜奶油放入冰箱冷藏备用。

10. 使用前，将鲜奶油装入挤花袋中，也可以直接涂抹。〔图14〕

▶ 小叮咛——以上两种方法制作的鲜奶油，使用前务必冷藏3～4h，再装饰蛋糕。

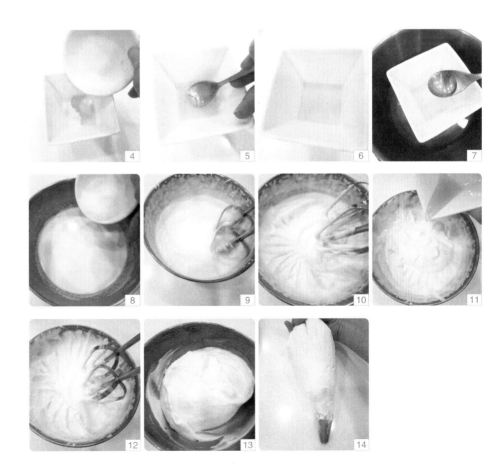

巧克力鲜奶油

动物性鲜奶油中加入熔化的巧克力，做出来的就是浓郁的巧克力鲜奶油。成品可以当作蛋糕涂抹装饰或简单的巧克力慕斯。

❀ 分量——
约300g

❀ 材料——
动物性鲜奶油200g　朗姆酒（或白兰地）1小匙
苦甜巧克力砖100g

❀ 做法

1. 用电动打蛋器将动物性鲜奶油和朗姆酒低速打发至提起时尾端挺立的程度，然后先放入冰箱冷藏（气温高时钢盆底部要垫冰块，低速慢慢打发，这样不容易产生油水分离的现象）。〔图1、图2〕

2. 将苦甜巧克力砖切碎放入钢盆中。〔图3〕

3. 找一个比已用的钢盆稍微大一些的钢盆装入水，煮至50℃。〔图4〕

4. 将装有巧克力碎的钢盆放在已经煮至50℃的水中，用隔水加热的方式熔化巧克力（熔化过程需要7～8min，中间稍微搅拌一下会加快熔化速度。若水温变低，可以再加热到50℃）。〔图5、图6〕

5. 将冰箱中打发好的鲜奶油拿出，马上将巧克力酱趁热倒入，快速搅拌均匀即可（如果没有趁热将巧克力酱倒入，会没办法搅拌均匀，巧克力会凝固）。〔图7～图9〕

巧克力酱

　　"ganache"（甘那许）是法文巧克力酱的意思，是由动物性鲜奶油和巧克力混合而成的浓稠酱料，在甜点中可以当作成品表面的装饰或制成生巧克力。

❂ 材料——

巧克力块100g 动物性鲜奶油50mL

❂ 做法

1. 将巧克力块用刀切碎，放入钢盆中。动物性鲜奶油回复至室温。〔图1〕
2. 找一个比搅拌用钢盆稍微大一些的钢盆装入水，煮至50℃。〔图2〕
3. 将装有巧克力碎的钢盆放在已经煮至50℃的水中，用隔水加热的方式将巧克力完全熔化（熔化过程需要7~8min，中间稍微搅拌一下会加快熔化速度。若水温变低，可以再加热到50℃）。〔图3~图5〕
4. 再将动物性鲜奶油加入，混合均匀即可。〔图6~图8〕

▶ 小叮咛——a. 动物性鲜奶油的乳脂含量约35%。
　　　　　　b. 巧克力块可以使用自己喜欢的口味。
　　　　　　c. 气温会影响巧克力酱的浓稠度。如果天气较冷，动物性鲜奶油可以考虑多添加10mL。

全蛋奶油霜

与意大利奶油蛋白霜类似的全蛋奶油霜，因为使用了全蛋，而且打发的全蛋中充满空气，所以成品口感浓郁且入口轻盈。

🌸 材料——

鸡蛋1个 无盐奶油80g 细砂糖40g
香草荚1/4根

🌸 做法

1. 将材料称量好，鸡蛋回复至室温，无盐奶油回软后切成小块。〔图1〕
2. 找一个比搅拌用的钢盆稍微大一些的钢盆，装入水煮至75℃。〔图2〕
3. 将香草荚剖成两半，用小刀将香草子刮下。〔图3〕
4. 将香草子及细砂糖加入鸡蛋中，用手提式电动打蛋器搅散。〔图4、图5〕
5. 将搅拌用钢盆放在已经煮至75℃的水中，隔水加热。
6. 用高速将全蛋打发。〔图6〕
7. 打到蛋糊膨松，拿起打蛋器后滴落下来的蛋糊有非常清楚的折叠痕迹即可（全过程 8~10min）。〔图7〕
8. 将无盐奶油用打蛋器搅打成乳霜状。〔图8、图9〕
9. 将打发的蛋糊分两三次加入奶油中，混合均匀即可。〔图10~图13〕

意大利奶油蛋白霜

　　意大利奶油蛋白霜吃起来没有用传统纯奶油做的奶油霜腻口，入口即化，有一种轻飘飘的感觉。糖浆必须煮至浓稠，再加入到打发的蛋白霜中。滚烫的糖浆进入蛋白霜细密的孔隙中，使蛋白霜更稳定坚固、不容易消泡。

✿ 材料——

蛋白1个　细砂糖60g　冷开水30g　无盐奶油75g

✿ 做法

1. 蛋白不可以沾到蛋黄、水分及油脂。
2. 无盐奶油回复至室温，软化到用手压可出现痕迹的程度，切成小块。〔图1〕
3. 将蛋白放入钢盆中，用手提式电动打蛋器高速搅打1min，至产生泡沫后停止。〔图2〕
4. 将冷开水及细砂糖放入不锈钢盆中。〔图3〕
5. 轻轻摇晃一下不锈钢盆，使细砂糖与冷开水混合均匀。〔图4〕
6. 开小火煮糖液，一开始不要搅拌（搅拌了糖会煮不溶）。
7. 当糖液煮至冒大泡、温度达到110℃时，就以线状倒入蛋白中，一边倒一边高速搅打。〔图5、图6〕
8. 高速将蛋白霜搅打至提起时尾端挺立的程度。〔图7、图8〕
9. 将软化的无盐奶油加入，中速混合均匀即可。〔图9～图12〕

▶ 小叮咛——糖浆不要煮过度，以免糖浆变硬粘在盆底倒不出来，导致分量不足，造成蛋白霜打不挺而失败。

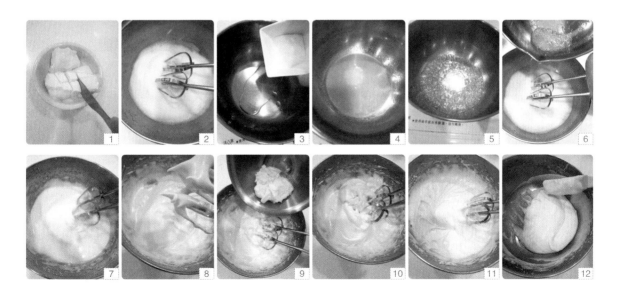

简易千层派皮

天气凉快就可以做一些酥皮类的点心，层层叠叠的派皮甜点很吸引人。这是比较简单快速的做法，但是完成的派皮一点也不输传统做法。重点是操作时的天气必须凉爽，奶油块也必须是冰硬的状态。熟悉这样的做法，派皮点心就不再那么难以亲近了。

❀ 材料——
中筋面粉150g 无盐奶油100g
冰水65mL 盐1/3小匙

❀ 做法

1. 将无盐奶油切成约1cm见方的块（切好后放回冰箱备用）；中筋面粉用过滤筛网过筛。〔图1〕

2. 将中筋面粉放入钢盆中，加入盐，用手将盐与中筋面粉稍微混合均匀。〔图2、图3〕

3. 将无盐奶油从冰箱中取出倒入。〔图4〕

4. 用塑料刮板快速切拌奶油与面粉。〔图5、图6〕

5. 直到奶油变成小碎粒状。〔图7、图8〕

6. 在面粉中央拨出一块空隙，将冰水一口气倒入。〔图9〕

7. 快速将所有材料混合成团状。〔图10〕

8. 在桌上撒一些中筋面粉。〔图11〕

9. 将面团移到桌上，表面也撒上一些中筋面粉。〔图12〕

10. 用手将面团稍微捏整成方形。〔图13〕

11. 用擀面杖擀压面团，使面团展开成长方形（大小约为15cm×30cm）。〔图14、图15〕

12. 将面团折成3等份。〔图16〕

13. 放在保鲜膜上，大约整成方形，包覆起来放入冰箱冷藏30min。〔图17〕

14. 在桌上撒一些中筋面粉。〔图18〕

15. 将冷藏变硬的面团移到桌上，表面也撒上一些中筋面粉。〔图19〕

16. 用擀面杖擀压面团使其展开，慢慢将面团擀成一个长方形（大小约为15cm×30cm）。〔图20〕

17. 将面团折成3等份。〔图21、图22〕

18. 将面团旋转90°后擀开，再折成3等份，然后重复做4次步骤16、17。〔图23~图25〕

19. 完成的面皮用保鲜膜包覆，放入冰箱冷藏一夜。〔图26〕

20. 此面皮再度擀开即完成千层派皮。

▶ 小叮咛——a. 面皮擀开折3折的步骤总共要做6次。

　　　　　b. 中间擀制的过程中若觉得奶油熔化得太快，必须马上用保鲜膜包覆好，放入冰箱冷藏30~40min，
　　　　　　再继续擀制的步骤。

　　　　　c. 若使用有盐奶油，另外添加的盐可以省略。

　　　　　d. 只要奶油没有熔化的迹象就可以一直操作，不用放入冰箱。

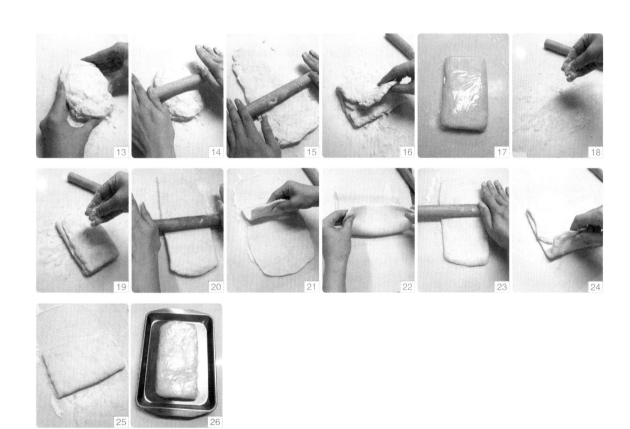

卡士达酱

卡士达酱为"Custard"的音译名称，是英式甜点酱，由鸡蛋与牛奶混合后加热、凝固制成。卡士达酱在甜点中应用非常广泛，可作为派、挞或泡芙的内馅，也可当作酱料搭配甜品或新鲜水果食用。

☘ 材料
A. 鲜奶100g 香草荚1/4根
B. 蛋黄1个 细砂糖20g 低筋面粉10g

⚙ 做法

1. 将香草荚横向剖开，用小刀将其中的黑色香草子刮下来。〔图1〕
2. 将香草荚及黑色香草子放入材料A的鲜奶中混合均匀，用小火煮沸。〔图2〕
3. 将材料B的蛋黄及细砂糖用打蛋器混合均匀。〔图3〕
4. 加入过筛的低筋面粉混合均匀。〔图4〕
5. 将煮沸的鲜奶慢慢加入，一边加一边搅拌。〔图5〕
6. 用过滤筛网过滤。〔图6〕
7. 放在火炉上用小火加热，一边煮一边搅拌，变浓稠后离火。〔图7〕
8. 趁热在表面封上保鲜膜，以避免干燥。完全凉透后放入冰箱冷藏备用。〔图8〕

▶ 小叮咛

a. 香草荚可以用1/4小匙香草酒代替，不需要加入鲜奶中熬煮，步骤7完成后，直接加入混合均匀即可。

b. 鲜奶可以用冲泡的奶粉代替，用90mL温水和10g全脂或低脂奶粉即可。

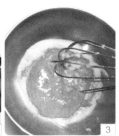

Part2 饼干

Cookie

冰箱饼干
Cookie

- 奶油乳酪方块饼干 Cream Cheese Cookies
- 杏仁粒酥饼 Almond Cookies
- 红茶杏仁饼干 Almond Tea Cookies
- 奇异果造型饼干 Butter Cookies
- 蛋白米粉柠檬饼干 Lemon Cookies
- 咸味奶油酥饼 Salted Butter Cookies
- 蛋黄奶酥饼干 Egg Yolk Cookies

Cookie

Cream Cheese Cookies

奶油乳酪方块饼干

虽然不用上班，但假日对我来说还是很不同。我可以赖床久一点，Leo不用赶着上学，可以做一些随性的料理，家里也多了一个帮手。

这一阵子的台北湿湿冷冷，所以我最喜欢的散步被迫中止。望着窗外滴滴答答落个不停的雨，真是想念阳光。阳台已经挂满万国旗，猫咪小布还来凑一脚，在老公的棉被上偷尿尿，但是看着它无辜的模样，真是让人又好气又好笑！

有时候奶油乳酪剩下一点，分量不够，没有办法做乳酪蛋糕。这时可以将这些奶油乳酪做成饼干，一点都不浪费。厚厚的饼干又酥又香，为我的点心柜增添了变化。

Baking Points

分量：约48个

烘烤温度：170℃

烘烤时间：15～18min

❀ 材 料

A. 原味乳酪饼干

　奶油乳酪50g　无盐奶油50g　糖粉50g

　蛋黄1个　低筋面粉150g

B. 巧克力乳酪饼干

　奶油乳酪50g　无盐奶油50g　糖粉50g

　蛋黄1个　低筋面粉120g

　无糖纯可可粉30g

❀ 准备工作

1. 将材料称量好。奶油乳酪与无盐奶油回复至室温，切成小块（奶油不要回温到太软，只要手指按压有痕迹即可）。〔图1〕

2. 低筋面粉与糖粉分别用过滤筛网过筛。〔图2、图3〕

3. 无糖纯可可粉过筛。

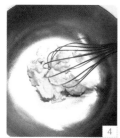    

❀ 做法

1. 将奶油乳酪用打蛋器打成乳霜状。〔图4〕

2. 加入无盐奶油搅拌均匀。〔图5、图6〕

3. 加入糖粉继续搅拌2～3min，成为提起时尾端挺立的奶油霜。〔图7、图8〕

4. 将蛋黄加入搅拌均匀。〔图9、图10〕

5. 将过筛的粉类分两次加入。〔图11〕

6. 直接用手以按压的方式将材料混合成团状（不要过度搓揉，以免面粉产生筋性，影响口感）。〔图12、图13〕

7. 对材料B也按照以上步骤操作。〔图14〕

8. 将面团用保鲜膜包覆起来，整成厚约1cm、大小为12cm×18cm的长方形。〔图15～图17〕

9. 放入冰箱冷藏30min。

10. 将冰硬的面团取出，用刀切成约3cm×3cm的小方块。〔图18〕

11. 将小面团间隔整齐地排放在烤盘上，用牙签在面团上扎4个小孔。〔图19〕

12. 放入已经预热到170℃的烤箱中，烘烤15～18min后，再焖到凉取出（中间烤盘可以调头一次，使饼干上色均匀）。〔图20～图23〕

Almond Cookies

杏仁粒酥饼

　　杏仁是在甜点配方中常常出现的坚果，不过很多朋友误以为使用的杏仁是中式南北杏仁，所以害怕有特殊的味道。其实在甜点中使用的杏仁是美国加利福尼亚杏仁，外形比中式南北杏仁大得多，也没有任何特殊的味道，所以小朋友也能够接受。杏仁含有丰富的单元不饱和脂肪酸、镁、锌、钾，所含的维生素E更是其他坚果的10倍以上，可以增强细胞的抗氧化功能。

　　在饮食中适当地摄取坚果，可以获得一些特别的营养素，对人体健康很有帮助。杏仁磨成粉添加在饼干中，除了可以丰富口感、提高膨松度，还添加了坚果香，让甜点有更多层次的风味。

Baking Points

🍳 分量：约30片

🍱 烘烤温度：160℃

⏱ 烘烤时间：18～20min

❀ 材 料

无盐奶油120g　糖粉80g
盐1/8小匙　蛋黄1个　牛奶1小匙
杏仁粉20g　低筋面粉240g

❀ 表面装饰

蛋白少许　杏仁粒100g

❀ 准备工作

1. 将所有材料称量好。

2. 将无盐奶油从冰箱中取出，等稍微回软至手指按压可出现明显压痕的状态后，切成小丁。〔图1〕

3. 将低筋面粉用过滤筛网过筛。〔图2〕

❀ 做法

1. 将无盐奶油放入钢盆中，用打蛋器搅拌成乳霜状。〔图3、图4〕

2. 加入糖粉与盐，继续搅拌2~3min，成为提起时尾端挺立的奶油霜。〔图5、图6〕

3. 依次加入蛋黄、牛奶及杏仁粉，搅拌均匀。〔图7~图9〕

4. 将过筛的低筋面粉分两次加入，以刮刀与钢盆底摩擦的方式混合均匀，成为无粉粒的团状（不要过度搅拌，以免面粉产生筋性，影响口感）。〔图10~图14〕

5. 用手将面团压紧，整理成圆柱形，用保鲜膜将面团包覆好，放入冰箱冷冻5~6h至硬。
   〔图15~图17〕

6. 把冰硬的面团从冰箱中取出，在表面刷上一层蛋白液。〔图18〕

7. 均匀黏附一层杏仁粒，双手搓揉，让杏仁粒紧密粘裹。〔图19~图21〕

8. 将面团切成厚度约0.5cm的片状。〔图22、图23〕

9. 将成形的饼干面团间隔整齐地排放在烤盘上。〔图24〕

10. 放入已经预热至160℃的烤箱中，烘烤18~20min，至饼干脆硬后即可取出。〔图25〕

11. 等完全凉透后可密封保存。

红茶杏仁饼干

和yy认识是在学学文创的手工面包课上，清秀的脸庞搭配一头俏丽的短发，看不出她是个青年孩子的妈妈。她每次来上课都有老公、女儿陪伴，感觉得出家人间那份紧密的感情。yy上课超认真，揉面、甩面用心体会，有不了解的就马上发问，作为职业女性的她单纯希望亲手做料理、餐点，让家人吃得更健康。

我们熟识之后，yy会在我的博客上留言，和我分享她的烘焙成品，她会告诉我家人吃得很开心，每一样成品中都有着满满的爱。我有幸收到她给我织的一顶毛帽，对我来说，其中蕴藏的温暖更令人感动。要说这些年来在网络上我的收获是什么，我想就是这些友谊，满满的无价之宝！

Baking Points

分量：约24片

烘烤温度：160℃

烘烤时间：18~20min

❀ 材 料

无盐奶油80g 糖粉80g 盐1/8小匙
蛋黄1个 杏仁粉30g
红茶包1个 低筋面粉160g

❀ 表面装饰

蛋白少许 细砂糖2大匙

❀ 准备工作

1. 将所有材料称量好。
2. 将无盐奶油从冰箱中取出，等稍微回软至手指按压可出现明显的压痕后，切成小丁。〔图1〕
3. 将低筋面粉用过滤筛网过筛。〔图2〕

❀ 做法

1. 将无盐奶油放入钢盆中，用打蛋器搅拌成乳霜状。〔图3〕
2. 加入糖粉与盐，继续搅拌2~3min，成为提起时尾端挺立的奶油霜。〔图4、图5〕
3. 依次加入蛋黄、杏仁粉及红茶末，搅拌均匀。〔图6~图10〕

4. 将过筛的低筋面粉分两次加入，以刮刀与钢盆底摩擦的方式混合均匀，成为无粉粒的团状（不要过度搅拌，以免面粉产生筋性，影响口感）。（图11～图14）

5. 用手将面团压紧，整理成圆柱形，用保鲜膜将面团包覆好，放入冰箱冷冻5～6h至硬。（图15～图17）

6. 将冰硬的面团从冰箱中取出，表面刷上一层蛋白液。（图18）

7. 均匀黏附一层细砂糖，双手搓揉，让细砂糖紧密粘裹。（图19、图20）

8. 将面团切成厚度约0.5cm的片状。（图21）

9. 将成形的饼干面团间隔整齐地排放在烤盘上。（图22）

10. 放入已经预热至160℃的烤箱中，烘烤18～20min，至饼干脆硬即可。（图23）

11. 等完全凉透后可密封保存。

Butter Cookies

奇异果造型饼干

　　一个人静静地在厨房东摸摸西摸摸，是我最快乐的时候。面粉、奶油沾满我的手，在烤箱边等待成品出炉的我雀跃又满足。我好像回到了学生时代上美劳课，用面团发挥无限的想象力。

　　三种不同口味、不同颜色的面团组合起来，就成为饶富趣味的奇异果造型饼干，拿在手中、吃在口里都让人会心一笑。

Baking Points

🎛️ 分量：约30片

🍞 烘烤温度：160℃

⏱️ 烘烤时间：15～18min

❖ 材 料

A. 黄豆口味饼干

　　无盐奶油60g　细砂糖40g　全蛋液20g
　　低筋面粉110g　熟黄豆粉10g

B. 抹茶口味饼干

　　无盐奶油60g　细砂糖40g
　　全蛋液20g　低筋面粉110g　抹茶粉10g

C. 巧克力口味饼干

　　无盐奶油30g　细砂糖20g　全蛋液10g
　　低筋面粉55g　无糖纯可可粉5g

D. 表面装饰

　　黑芝麻适量

1. 将材料称量好。无盐奶油回复至室温，切成小块（奶油不要回温到太软，只要手指按压有痕迹即可）。（图1）
2. 将黄豆口味饼干材料中的低筋面粉和熟黄豆粉用过滤筛网过筛。（图2）
3. 将抹茶口味饼干材料中的低筋面粉和抹茶粉过筛。
4. 将巧克力口味饼干材料中的低筋面粉和无糖纯可可粉过筛。

◎ 做法

1. 将无盐奶油用打蛋器打成乳霜状。（图3、图4）
2. 加入细砂糖继续搅拌2~3min，成为提起时尾端挺立的奶油霜。（图5）
3. 将全蛋液分两三次加入搅拌均匀。（图6）
4. 将过筛的粉类分两次加入，以刮刀按压钢盆的方式混合成团状（不要过度搅拌，以免面粉产生筋性，影响口感）。（图7~图9）
5. 黄豆口味及巧克力口味的面团也按照以上步骤操作。（图10、图11）
6. 将黄豆口味的面团用保鲜膜包覆起来，整成长约25cm、直径约3cm的柱状，暂时放入冰箱冷冻。（图12~图14）
7. 将抹茶口味的面团放入塑料袋中，塑料袋折成25cm×11cm的长方形，面团也擀压成25cm×11cm的长方形。（图15）
8. 用剪刀将塑料袋剪开。（图16）

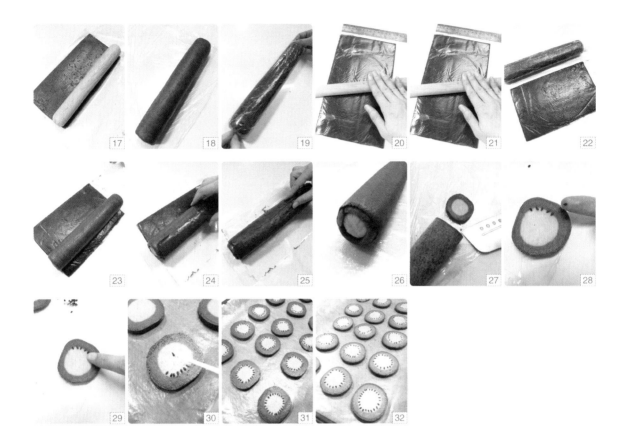

9. 将黄豆口味的柱状面团从冰箱中取出，用抹茶口味的面团包覆起来。〔图17、图18〕

10. 完成的面团用保鲜膜包覆，暂时放入冰箱冷冻。〔图19〕

11. 将巧克力口味的面团放入塑料袋中，塑料袋折成25cm×15cm的长方形，面团也擀压成25cm×15cm的长方形。〔图20、图21〕

12. 用剪刀将塑料袋剪开。〔图22〕

13. 将步骤10的柱状面团从冰箱中取出，用巧克力口味的面团包覆起来。〔图23~图25〕

14. 完成的面团用保鲜膜包覆，放入冰箱冷冻2~3h。〔图26〕

15. 面团冰硬后取出，用刀切成厚约0.5cm的片状。〔图27〕

16. 用手指沾黑芝麻，压到面团上，做出奇异果子的样子。〔图28、图29〕

17. 或用牙签尖端蘸一点奶油来沾黑芝麻操作。〔图30〕

18. 将完成的饼干面团间隔整齐地排入烤盘中。〔图31〕

19. 放入已经预热至160℃的烤箱中，烘烤15~18min，再焖到凉后取出（中间烤盘可以调头一次，使饼干上色均匀）。〔图32〕

Carol's Memo

a. 熟黄豆粉可以在超市购买，没有就用低筋面粉代替。

b. 烘烤温度及时间请按自家烤箱的情况调整，若时间到还未烤透，可以适当延长时间。

c. 做好的面团可以放入冰箱冷冻保存3~4个月，吃之前取出，稍微回温即可切片烘烤。

Lemon Cookies

蛋白米粉柠檬饼干

从小绿绿在屋前的阳桃树上筑巢开始，我们的生活就被这几只绿绣眼牵动着。它们一家每天的一举一动都是我和老公的话题，不管出门、回家都不忘和它们打声招呼，而前几天孵出的小鸟又让我们开心到了最高点。老公偷偷架了相机脚架，帮我记录到了小鸟宝宝可爱的模样，鸟妈妈与鸟爸爸尽职地照顾保护，小小的鸟窝是它们一家最安全的避风港。

连续多天的雨，下午终于停了。接近傍晚的时候，薄薄的夕阳从树缝中洒下，照着绿绣眼小小的窝。三四天前浑身还光秃秃的小绿绿已经长出了绒绒的淡绿色羽毛，它瞪着骨碌碌的眼睛与我们相望，鸟妈妈温柔地在鸟巢左上方尽职地守候。再过一阵子，它们就会离巢展翅高飞，飞向另一个天空。别忘了家的位置，要记得回来。

蛋白可使甜点更脆硬，米粉可降低筋性、增加膨松度，两种材料的结合，让这款饼干有了酥脆的口感。柠檬皮含有丰富的柠檬油，特有的香味使饼干吃起来更清爽。

 分量：约30片

 烘烤温度：160℃

 烘烤时间：18～20min

❀ 材 料

无盐奶油100g 细砂糖70g

盐1/8小匙 蛋白50g

柠檬皮屑1个的分量 柠檬汁1小匙

低筋面粉150g 米粉50g

❀ 表面装饰

蛋白少许 细砂糖2大匙

❀ 准备工作

1. 将所有材料称量好，蛋白回温。

2. 将无盐奶油从冰箱中取出，等稍微回软至手指按压可出现明显压痕后，切成小丁。（图1）

3. 将低筋面粉和米粉用过滤筛网过筛。（图2）

4. 将柠檬用磨皮器磨出绿色表皮的皮屑，挤出柠檬汁，取1小匙。（图3、图4）

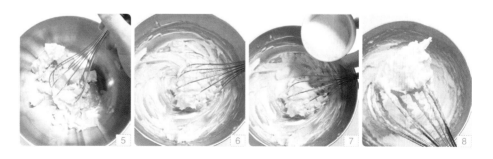

❀ 做法

1. 将无盐奶油放入钢盆中，用打蛋器搅拌成乳霜状。（图5、图6）

2. 加入细砂糖与盐，继续搅拌2～3min，成为提起时尾端挺立的奶油霜。（图7、图8）

3. 将蛋白分三次加入，混合均匀。（图9、图10）

4. 依次加入柠檬皮屑及柠檬汁，混合均匀。（图11～图13）

5. 将过筛的低筋面粉与米粉分两次加入，以刮刀与钢盆底摩擦的方式混合均匀成无粉粒的团状（不要过度搅拌，以免面粉产生筋性，影响口感）。（图14～图16）

6. 用手将面团压紧，整理成圆柱形，用保鲜膜将面团包覆好，放入冰箱冷冻5～6h至硬。（图17～图20）

7. 将面团切成厚度约0.5cm的片状。（图21）

8. 将成形的饼干面团间隔整齐地排放在烤盘上。（图22）

9. 放入已经预热至160℃的烤箱中，烘烤18～20min，至饼干脆硬即可。（图23）

10. 等完全凉透后可密封保存。

 Carol's Memo

米粉可以用低筋面粉代替。

Salted Butter Cookies

咸味奶油酥饼

朋友临时有事，来电取消了中午的约会。我们一家三口就临时起意到淡水逛老街。意外的决定更有惊喜，我们在淡水找了一家临水岸的炭火烧肉餐厅吃午餐。三个人一边烧烤一边煮火锅，忙活得不得了。

天气很好，天空蓝得漂亮。虽然是艳阳天，但是有徐徐的凉风。我们吃饱饭就沿着海岸一路逛到老街，这样的悠闲让人无限满足。

因为家中猫咪的缘故，我们无法安排任何旅游，不过在台北地区还是有很多好玩好逛的地方。只要带着旅游的心情，不管到哪里都觉得有趣。淡水是我们很喜欢到访的地方，吹吹海风，闻着海水的味道。混在观光的人群中，我也可以感受到旅行的快乐。回家前问Leo现在会不会不想和老爸老妈一块出门，他酷酷地回答说不会。难得的三人行，为即将结束的暑假画上完美的句号。

只有三种材料，但这款英式奶油酥饼真是好吃极了，淡淡的咸味带出奶油的香，是搭配红茶最适合的小甜点。

Baking Points

分量：约18片

烘烤温度：150℃

烘烤时间：30min

◎ 材 料

有盐奶油100g 细砂糖50g
低筋面粉200g

◎ 准备工作

1. 将所有材料称量好。

2. 将有盐奶油从冰箱中取出，等稍微回软至手指按压可出现明
   显压痕后，切成小丁。（图1）

3. 将低筋面粉用过滤筛网过筛。（图2）

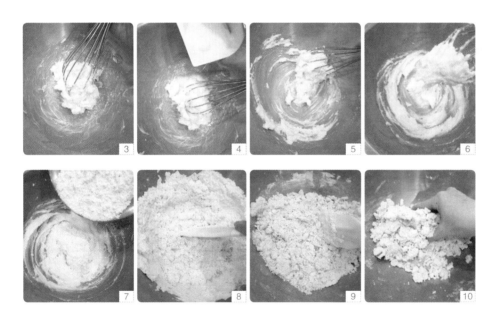

◎ 做法

1. 将有盐奶油放入钢盆中，用打蛋器搅拌成乳霜状。（图3）

2. 加入细砂糖，继续搅拌2～3min，成为提起时尾端挺立的奶油霜。（图4～图6）

3. 将过筛的低筋面粉分两次加入，以刮刀切拌的方式混合成松散的状态。（图7～图10）

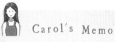

Carol's Memo

有盐奶油也可以用无盐奶油代替，
只要再多加1/4小匙的盐即可。

4. 用手将面团捏紧成团状（不要过度搅拌，以免面粉产生筋性，影响口感）。﹝图11、图
　　 12﹞

5. 将面团放入塑料袋中摊平，整成厚约1cm的长方形面皮。﹝图13～图16﹞

6. 放入冰箱冷冻5～6h至硬。

7. 将冰硬的面团从冰箱中取出，塑料袋剪开。﹝图17﹞

8. 将面团切成宽2.5cm、长6cm的条状。﹝图18﹞

9. 用竹签在面团上均匀地扎出孔。﹝图19﹞

10. 将成形的饼干面团间隔整齐地排放在烤盘上。﹝图20﹞

11. 放入已经预热至150℃的烤箱中，烘烤30min至饼干酥脆即可。﹝图21﹞

12. 等完全凉透后密封保存。

Egg Yolk Cookies
蛋黄奶酥饼干

早上赶着到快收摊的市场买菜，脑中一边计划着要买些什么，一边加快脚步。经过路口时，迎面过来一位主妇，提着大包小包刚买的新鲜蔬果，当我们快要接近时，她忽然对着我露出微笑，朝我说了声："你好！"突如其来的友善招呼，把我吓了一跳，但我马上也对她笑了笑、点点头，大声回复："你好！"

自己忽然觉得有些不好意思，发现自己平时是否太过冷漠，在这样匆匆忙忙的都市中，若能够时常带着微笑，并将这样的心情传递给身旁的人，生活一定更有情。

蛋黄太多的时候可以考虑做一些饼干，成品口感浓郁又酥松，是表达情谊的最好的伴手礼。

◎ 材 料

无盐奶油60g 细砂糖50g 盐1/4小匙
蛋黄3个 香草酒1小匙
全脂奶粉10g 低筋面粉140g

◎ 表面装饰

蛋黄1个 白芝麻1/2大匙

Baking Points

分量：约24片

烘烤温度：160℃→150℃

烘烤时间：10min→20min

◎ 准备工作

1. 将所有材料称量好。

2. 将无盐奶油从冰箱中取出，稍微回软至手指按压可出现明显
   压痕后，切成小丁。〔图1〕

3. 将低筋面粉用过滤筛网过筛。〔图2〕

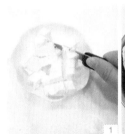

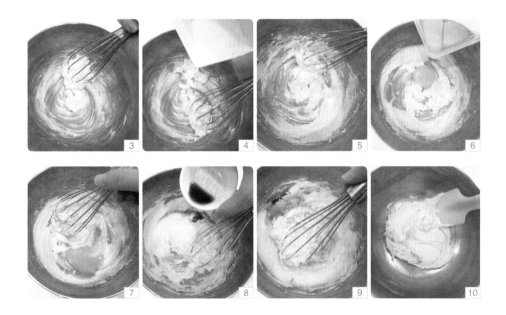

◎ 做法

1. 将无盐奶油放入钢盆中，用打蛋器搅拌成乳霜状。〔图3〕

2. 加入细砂糖及盐，继续搅拌2~3min，成为提起时尾端挺立的奶油霜。〔图4、图5〕

3. 将蛋黄分三次加入，每加一个都要搅拌均匀后再加下一个。〔图6、图7〕

4. 加入全脂奶粉与香草酒混合均匀。〔图8~图10〕

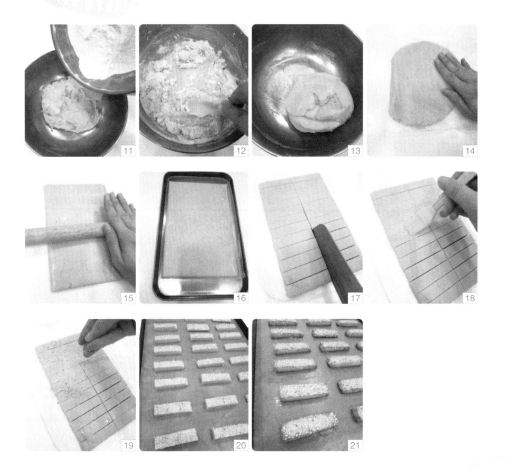

5. 将过筛的低筋面粉分两次加入，以刮刀与钢盆底摩擦的方式混合均匀成无粉粒的团状（不要过度搅拌，以免面粉产生筋性，影响口感）。〔图11~图13〕

6. 将面团放入塑料袋中摊平，整成大小为20cm×15cm、厚约1cm的长方形面皮。〔图14、图15〕

7. 放入冰箱冷冻5~6h至硬。

8. 将冰硬的面团从冰箱中取出，塑料袋剪开。〔图16〕

9. 将面团切成宽1.5cm、长7cm的条状。〔图17〕

10. 在面团表面刷上一层蛋黄液，再撒上白芝麻。〔图18、图19〕

11. 将成形的饼干面团间隔整齐地排放在烤盘上。〔图20〕

12. 放入已经预热至160℃的烤箱中烘烤10min，再将温度调整到150℃，烘烤20min至饼干脆硬即可。〔图21〕

13. 等完全凉透后可密封保存。

Cookie

塑形饼干

Cookie

- 蛋白卷 Egg White Cookies
- 奶油芝麻饼干 Sesame Cookies
- 一口松饼 Mini Butter Cookies
- 蛋黄小馒头 Mini Egg Yolk Cookies
- 巧克力胚芽饼干 Chocolate Wheat Germ Cookies
- 全麦肉桂玉米片饼干 Cinnamon Cornflakes Cookies
- 高纤低脂燕麦饼干（纯素）Oatmeal Cookies
- 枫糖燕麦薄片饼干 Oatmeal Maple Syrup Cookies
- 杏仁焦糖夹心饼干 Caramel Almond Cookies
- 杏仁甜橙意大利脆饼 Almond Orange Biscuit

Cookie

蛋白卷

在学校学建筑的我，毕业之后也一直从事相关工作长达15年以上。不管是在第一线的工地、工厂，还是在担负纸上设计工作的建筑师事务所，我都没有停止过建筑工作。一直以为自己就会这样做到退休，从没想过人生过了一半以上还会换跑道，谁说有不可能发生的事。只要你准备好了，梦想就会实现!

在厨房常常有剩下的蛋白，这时我会做一些简单的蛋白脆饼。利用饼干刚烘烤出炉还软时的状态，就可以做成卷筒造型、好吃又好看。

一个蛋白就让我有了一个甜蜜的下午茶!

Baking Points

🍳 分量：**8～10个**（直径7～8cm）

🍱 烘烤温度：**180℃**

🕐 烘烤时间：**7～10min**

❀ 材 料

蛋白1个　低筋面粉20g
无盐奶油15g　细砂糖20g
盐1/8小匙

❀ 做法

1. 将所有材料称量好，将鸡蛋的蛋白分出。

2. 将低筋面粉用过滤筛网过筛。〔图1〕

3. 将无盐奶油用隔水加热的方式熔化（或用微波炉大火加热10～15s熔化）。〔图2〕

4. 将细砂糖、盐加入到蛋白中，用打蛋器搅拌均匀。〔图3、图4〕

5. 再将过筛的低筋面粉加入，搅拌均匀成无粉粒的面糊。〔图5〕

6. 将熔化的无盐奶油加入，搅拌均匀。〔图6、图7〕

7. 封上保鲜膜，放入冰箱醒30min。

8. 将醒好的面糊从冰箱中取出，用汤匙舀起约1/2大匙的面糊，间隔均匀地排在防粘烤焙布（纸）上（间隔要稍微大一点，因为还必须将面糊抹平）。〔图8、图9〕

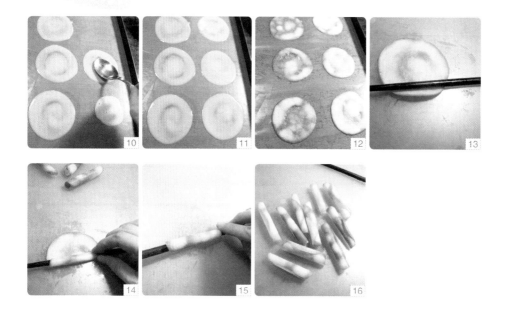

9. 利用汤匙背画圈，将面糊摊平为直径7~8cm的薄片（越薄越好）。（图10、图11）

10. 放进已经预热至180℃的烤箱中，烘烤7~10min至颜色略呈金黄色即可（不可以烤到脆，不然没法卷）。（图12）

11. 将面饼从烤箱中取出，迅速用一根筷子将还软的面饼卷起（小心不要烫伤）。（图13、图14）

12. 将尾端卷好，稍微压一下定型。（图15）

13. 将剩下的面糊做完。（图16）

14. 完成的蛋白卷放凉后必须密封保存，避免返潮。

Carol's Memo

a. 卷面饼的动作必须在烘烤好之后取出马上做，不然面饼一凉就会变硬，导致没法卷。

b. 每一盘烘烤的数量不要太多，以免烤好取出后来不及卷。

c. 此面糊做好后可以冷藏2~3天。

d. 面糊的直径大小会影响做出来的数量。

e. 普通烤焙纸烘烤蛋白类饼干不适合，必须选择防粘烤焙布，烘焙材料店有售，洗干净就可以重复使用，可以按照自己的烤盘大小裁剪。

f. 蛋白做的饼干很酥脆，缺点是容易回软。所以烤好取出放凉后，必须放入塑料袋密封保存。要完全散热，不能有水汽，最好放入冰箱保存。如果家里有海苔片内附的干燥剂，也可以与饼干一起放在塑料袋中，以便吸收多余水汽，饼干也容易保持酥脆。饼干回软后可以再放回烤箱，用120℃的低温烘烤2~3min后即可恢复。

Sesame Cookies

奶油芝麻饼干

自从爱上手作烘焙，厨房一年到头都飘散着甜香，成品不仅满足家人，也常常分享给周围的亲朋好友，让更多的人品尝到自然纯朴的味道。也许自己做的没有绝佳的口感、鲜艳的色彩、浓郁的香气，但是混合在其中的爱绝对100分！

藏着满满的黑芝麻的手作饼干，奶油及糖的分量都控制在最低限度，但是成品口感依然可口。香酥的饼干是最好的伴手礼，材料简单、制作快速，总可以让收到的朋友感受到最真诚的心意。

Baking Points

分量：约20片

烘烤温度：160℃

烘烤时间：18～20min

❀ 材 料

无盐奶油50g　细砂糖40g

蛋白1个（约35g）　牛奶1大匙

低筋面粉150g　熟黑芝麻2大匙

❀ 做法

1. 将材料称量好，无盐奶油回复至室温，切成小块（奶油不要回温到太软的状态，只要手指按压有痕迹即可）。〔图1〕

2. 将低筋面粉使用过滤筛网过筛。〔图2〕

3. 将无盐奶油放入钢盆中，用打蛋器搅打成乳霜状。〔图3〕

4. 加入细砂糖继续搅拌2～3min，成为提起时尾端挺立的奶油霜。〔图4、图5〕

5. 将蛋白液分五六次加入。〔图6〕

6. 每一次加蛋白液都要确实搅拌均匀，看到蛋白液完全被吸收后才可以加下一次。如果一下子将蛋白液加入，会使奶油来不及吸收而导致油水分离，这样会使饼干的口感不膨松。〔图7、图8〕

7. 将已经过筛的粉类及牛奶分两次交错加入。〔图 9～图11〕

8. 利用橡皮刮刀与盆底摩擦按压的方式将面粉与奶油混合成团状。不要过度搅拌搓揉，以免面粉产生筋性，影响口感。〔图12〕

9. 最后加入熟黑芝麻，以切拌的方式混合均匀。〔图13、图14〕

10. 将混合好的面团用手捏取一小块（每一块约15g），在手心中滚圆（若天气太热，可以把面团用保鲜膜包起来，放入冰箱冷藏30min）。〔图15、图16〕

11. 将面团间隔整齐地放入烤盘中，用手将小面团压扁（厚度0.3～0.4cm）。〔图17、图18〕

12. 放入已经预热至160℃的烤箱中，烘烤18～20min至表面呈均匀的浅黄色即可。〔图19〕

13. 烤好后移至铁网架上放凉。〔图20〕

14. 等完全凉透后，请密封保存以免返潮。

Carol's Memo

a. 黑芝麻也可以用白芝麻代替。

b. 蛋白35g也可以用全蛋液35g代替。

Mini Butter Cookies

一口松饼

下着雨，天气明显变冷，开始有冬天的气氛了。猫咪一只一只喵喵地黏着我要找我取暖。身边有它们陪伴，生活中增添了许多温暖与感动。

天冷冷的，想吃点甜的又不想大费周章。不需要太多器具，只要有双手和松饼机，小小的一口松饼简单又不麻烦，30分钟就完成。小甜饼烤好后，呼朋引伴来吃下午茶！

Baking Points

分量：约20个

烘烤温度：请按松饼机的实际情况调整

烘烤时间：4～5min

❀ 材 料

低筋面粉100g 糖粉40g 无盐奶油50g
帕梅森起司粉10g
全脂奶粉10g 全蛋液25g

◎ 准备工作

1. 将材料称量好，无盐奶油回复至室温，切成小块。〔图1〕
2. 将低筋面粉用过滤筛网过筛。〔图2〕

◎ 做法

1. 将糖粉加入低筋面粉中混合均匀。〔图3〕
2. 依次将无盐奶油、帕梅森起司粉与全脂奶粉放入盆中。
3. 倒入全蛋液，用手慢慢地将所有材料搓散。〔图4～图6〕
4. 再混合挤压成团状（避免搓揉过久，以免面粉产生筋性，影响口感）。〔图7、图8〕
5. 将松饼机刷上一层薄薄的油脂（无盐奶油或植物油均可）。〔图9〕
6. 将面团捏成一个一个直径约1.5cm的球状。〔图10〕
7. 松饼机预热完成后，将小面团放在松饼机的十字中央。〔图11〕
8. 盖上松饼机的盖子，烘烤4～5min后打开即可。〔图12、图13〕
9. 将小松饼取出，等完全放凉后马上装袋密封保存。〔图14〕

 Carol's Memo

a. 若不确定家中松饼机的烘烤时间，请先用一个小面团测试。
b. 松饼机使用完后务必清洁干净。将筷子包覆一张餐巾纸，就可以将沟槽擦洗干净。

Mini Egg Yolk Cookies
蛋黄小馒头

假日里的我懒洋洋的，和猫一样，忙碌了一星期，厨房就换人掌厨了。我喜欢看老公在厨房切切洗洗，做出不同口味的料理，他的搭配会跳脱我的思维，常常给我很多惊喜。

有时候想想真的很有趣，茫茫人海中为什么我们会找到彼此，好多好多的蝴蝶效应让我们最后牵着对方的手。若其中任何一个人在任何阶段或某个环节改变了想法，我们的命运应该就有不同的结果。

我们越来越像，我们越来越了解对方的心思。亲爱的，这一生中因为有你的陪伴与分享，人生才能获得更多。

Ella留言要帮家中的小宝宝做些不含蛋白的饼干，这款用蛋黄做的小馒头甜度低且入口即化，酥酥松松的口感很适合学龄前的小朋友。整形的过程要有一点耐心，可以请家中的小孩来帮忙，小手多几双一下子就可以完成。

Baking Points

分量：100～120个

烘烤温度：170℃

烘烤时间：12～15min

❀ 材 料

蛋黄1个（17～20g）
日本太白粉120～140g
细砂糖35g　全脂奶粉15g

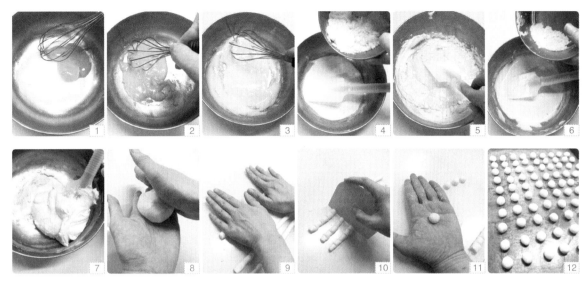

◎ 做法

1. 将鸡蛋的蛋黄取出，日本太白粉用过滤筛网过筛。
2. 将蛋黄与细砂糖用打蛋器搅拌到泛白的程度（搅拌2～3min）。〔图1～图3〕
3. 加入全脂奶粉，搅拌均匀。〔图4、图5〕
4. 将过筛的太白粉分两三次加入，混合成团状。〔图6、图7〕
5. 捏取适量的面团在手中滚圆。〔图8〕
6. 再将面团用双手搓成直径约1cm的条状。〔图9〕
7. 切成约1cm宽的块状。〔图10〕
8. 将每一个小面团在手心中搓圆。〔图11〕
9. 将完成的面团间隔整齐地放入烤盘中。〔图12〕
10. 放入已经预热至170℃的烤箱中，烘烤12～15min至表面微微变黄即可。〔图13〕

Carol's Memo

a. 因为蛋黄大小不同，所以太白粉请斟酌添加。混合后若太干可以再加牛奶，若太湿软可以再补充一点太白粉，只要最后能够成团且不粘手即可。

b. 日本太白粉为马铃薯熟粉，请看包装说明，有些超市可以买到。若买不到，可以将一般太白粉放入烤箱中，以150℃烘烤6～7min代替。

c. 饼干的大小可以按照自己的喜好调整，但是尺寸越大，烘烤时间也要相应延长。

d. 如果不吃蛋黄，可以将蛋黄改成20g蒸熟的红薯泥或南瓜泥。

e. 面团本身不要太干，搓圆过程中手上请保持干净，避免手上沾到干粉，否则容易使成品表面不光滑，烘烤后裂开。时间一久，太白粉会干，搓圆就会不顺利。做的时候，请注意手上有没有一层干粉，有的话洗干净再继续，这样比较容易操作。

巧克力胚芽饼干

　　自从开始出书以后，我的主妇生活也渐渐忙碌起来，原本躲在电脑屏幕后的我，在新书发表的时候要与读者面对面接触，其实这对我来说是非常不容易的事。从小我就胆小害羞，在人多的地方会手足无措、说不出话来，在一个班级里，我一定是那个最没有声音、最害怕被老师点名的人。这样的我竟然可以克服恐惧，愿意站在台前与大家分享厨房的点点滴滴，能够让我有这样的动力的是一直给我鼓励的读者。

　　我看到一张张亲切友善的笑脸，眼神中流露出温暖的心意，胆小的我也可以勇敢，也可以努力做自己。现在我享受与人交流的快乐，网络虚拟的友谊，变成一份份真实的友情。谢谢你们，我的朋友！

Baking Points

分量：约30片

烘烤温度：160℃

烘烤时间：18～20min

🔅 材料

无盐奶油40g　细砂糖60g

盐1/8小匙　橄榄油20g　蛋白1个（约33g）

牛奶1小匙

小麦胚芽40g　　低筋面粉160g

耐烤巧克力豆（或用巧克力砖切碎替代）40g

准备工作

1. 将所有材料称量好。
2. 将小麦胚芽平铺在烤盘中，放入已经预热至150℃的烤箱中，烘烤5～6min后取出放凉。（图1）
3. 将无盐奶油从冰箱中取出，等稍微回软至手指按压后可出现明显压痕后，切成小丁。（图2）
4. 将低筋面粉用过滤筛网过筛。（图3）

做法

1. 将无盐奶油放入钢盆中，用打蛋器搅拌成乳霜状。（图4）
2. 加入细砂糖与盐，继续搅拌2～3min，成为提起后尾端挺立的奶油霜。（图5）
3. 依次加入橄榄油、蛋白、牛奶及小麦胚芽，混合均匀。（图6～图10）
4. 将过筛的低筋面粉分两次加入，以刮刀与钢盆底摩擦的方式混合均匀成无粉粒的团状（不要过度搅拌，以免面粉产生筋性，影响口感）。（图11～图13）
5. 用手将面团均匀分成小块，在手心中搓圆。（图14）
6. 将面团间隔整齐地排放在烤盘上，用手将面团压扁成厚约0.5cm的小面团。（图15）
7. 将耐烤巧克力豆均匀压入面团上。（图16）
8. 放入已经预热至160℃的烤箱中，烘烤18～20min至饼干脆硬即可。（图17、图18）
9. 等完全凉透后可密封保存。

全麦肉桂玉米片饼干

Cinnamon Cornflakes Cookies

自从在家做烘焙以后，我几乎没有再买过外面的面包或蛋糕，想吃什么就自己动手烘烤，有机会也分享给家人及朋友。自己做除了甜咸度及油脂量都可以按照家人的口味量身打造、自由调整外，最重要的是使用了什么材料完全明白，不需要担心添加剂。很多东西使用天然材料来制作，味道不会很浓郁，口感也不会多么完美，但是我们应该养成习惯，只要使用的材料是天然的且品质良好，那做出来的味道及香气就是正常的。

一味追求口感，只是给食品厂商添加的借口。颜色太漂亮、组织太细致、味道太香，这些不见得是正常的。不要过多地添加，自然的原味才是健康的！

Baking Points

🍳 分量：约30片

🔥 烘烤温度：160℃

⏲ 烘烤时间：18～20min

✿ 材料

无盐奶油80g　细砂糖20g
盐1/8小匙　蜂蜜40g
鸡蛋1个　全麦面粉200g
肉桂粉1小匙　玉米片120g

◎ 准备工作

1. 将所有材料称量好。

2. 将无盐奶油从冰箱中取出，等稍微回软至手指按压会出现明显的压痕后，切成小丁。（图1）

◎ 做法

1. 将无盐奶油放入钢盆中，用打蛋器搅拌成乳霜状。（图2、图3）

2. 加入细砂糖与盐，继续搅拌2～3min，成为提起时尾端挺立的奶油霜。（图4、图5）

3. 加入蜂蜜，混合均匀。（图6）

4. 将全蛋液分四次加入，混合均匀。（图7～图9）

5. 将全麦面粉与肉桂粉分两次加入，以刮刀与钢盆底摩擦的方式混合均匀成无粉粒的团状（不要过度搅拌，以免面粉产生筋性，影响口感）。（图10～图13）

6. 将玉米片加入，以切拌的方式混合均匀。（图14～图16）

7. 用手将面团均匀分成小块，在手心中搓圆压扁。（图17、图18）

8. 将面团间隔整齐地排放在烤盘中。（图19）

9. 放入已经预热至160℃的烤箱中，烘烤18～20min至饼干脆硬即可。（图20）

10. 等完全凉透后可密封保存。

Oatmeal Cookies

高纤低脂燕麦饼干（纯素）

The closer 是我很喜欢的一部电视剧，常常熬夜都舍不得关电视。饰演主角 Brenda 的是演技绝佳的女演员 Kyra Sedgwick。在最后一集中，Brenda 的妈妈拉着 Brenda 的手说有些事要对她说，但当时她为了工作的事正忙，所以回复母亲第二天再找时间详谈。没想到第二天早上喊母亲吃早餐，才发现母亲竟然在睡梦中过世了，而母亲前一天晚上想和她说的是什么，她永远也不知道了。

很多时候我们觉得时间还很多，任何事都可以再等等，但是人生无常，世事难料，错过这次可能就是永远。事情再多也不要把忙当作借口，把握当下才不会有任何遗憾！

假日里特别喜欢做一些小点心，以补充我的零食罐。翻翻冰箱，适合的材料真不少。操作简单又快速，低温慢慢烘烤到酥脆，今天的饼干无蛋无奶，料丰又味美。燕麦片与果干在口中细细咀嚼，交织出绝妙的好滋味，吃到的是满满的谷物纤维与果干自然的甜味。只吃一片吗？保证不够！

Baking Points

分量：约24片（直径4cm）

烘烤温度：150℃→120℃

烘烤时间：20min→10min

❀ 材 料

果干30g　即食燕麦片100g

杏仁片30g　红糖45g

全麦面粉45g　椰子粉45g

盐1/8小匙　植物油40mL　豆浆40mL

Carol's Memo

a. 全麦面粉可以用低筋面粉代替。

b. 红糖可以用细砂糖代替。

c. 果干包括葡萄干、杏干、蔓越莓干
   与凤梨干等。

d. 杏仁片也可以用核桃仁、杏仁粒等
   代替。

e. 植物油包括橄榄油、芥花油、大豆
   油与葵花子油等。

f. 豆浆可以用牛奶代替。

g. 椰子粉是干燥的椰肉打碎制成的，
   也称为椰子丝，不是冲泡用的，与
   椰奶粉不同。

❀ 做法

1. 将果干切碎。

2. 依次将所有干性材料倒入盆中。（图1）

3. 用汤匙将所有干性材料混合均匀。（图2）

4. 再依次加入植物油与豆浆。（图3）

5. 用汤匙快速混合均匀。（图4、图5）

6. 取适量面团，在手中紧密地捏成一个球（务必用力捏紧，压的时候才不会散开）。（图6）

7. 在手心中压成扁圆形（厚0.6~0.8cm）。（图7）

8. 将面团间隔整齐地排列在烤盘上。（图8）

9. 放入已经预热至150℃的烤箱中烘烤20min。将烤箱温度调整到120℃，再烤10min，然后在烤箱中焖到凉后
    取出（中间烤盘可以调头一次，使饼干上色均匀）。（图9）

10. 请密封冷藏保存。

Oatmeal Maple Syrup Cookies

枫糖燕麦薄片饼干

下午阳光灿烂，跟老公偷个闲到公馆走走。太阳好大，我们钻进"台一牛奶大王"吃了盘红豆牛奶冰消暑。享受冰凉冷饮时，店里进来一个年轻人，他很有礼貌地跟我们打招呼，希望花30秒介绍一下他的公司并促销一组4支100元的牙刷。看他讲解得亲切，态度又诚恳，我买了一组牙刷，心想家里一定得用到，也顺便给他加加油、做个业绩。

他一桌一桌不厌其烦地介绍，即使99%都碰钉子，也没让他脸上的笑容减少。出了店门，又看到他继续在其他店里努力，我忽然想到他也不比儿子大几岁，跑业务是很辛苦的工作，他有这样的勇气就应该给他正面的鼓励。看着他的背影，我在心中默默地祝福他，希望认真的人会有收获。

Baking Points

🍳 分量：约20片

🍞 烘烤温度：160℃

⏱ 烘烤时间：18～20min

❀ 材 料

无盐奶油35g 红糖15g
盐1/8小匙 枫糖浆20g
鸡蛋1个 低筋面粉50g
全麦面粉30g 即食燕麦片60g

❀ 准备工作

1. 将所有材料称量好。

2. 将无盐奶油从冰箱中取出，等稍微回软至手指按压会出现明显的压痕后，切成小丁。〔图1〕

3. 将低筋面粉用过滤筛网过筛。〔图2〕

❀ 做法

1. 将无盐奶油放入钢盆中，用打蛋器搅拌成乳霜状。

2. 加入红糖与盐，继续搅拌2～3min，成为提起时尾端挺立的奶油霜。〔图3～图5〕

3. 加入枫糖浆，混合均匀。〔图6〕

4. 将全蛋液分四次加入，混合均匀。〔图7、图8〕

5. 依次加入低筋面粉与全麦面粉，以刮刀与钢盆底摩擦的方式混合均匀成无粉粒的团状（不要过度搅拌，以免面粉产生筋性，影响口感）。〔图9～图12〕

6. 加入即食燕麦片，以切拌的方式混合均匀。〔图13、图14〕

7. 用手将面团均匀分成小块，在手心中搓圆。〔图15、图16〕

8. 将面团间隔整齐地排放在烤盘中，压成约0.3cm厚的片。〔图17、图18〕

9. 放入已经预热至160℃的烤箱中，烘烤18～20min至饼干脆硬即可。〔图19〕

10. 等完全凉透后可密封保存。

Caramel Almond Cookies

杏仁焦糖夹心饼干

逛市场是我最感兴趣的活动。运动完，我想起来要买一把葱包饺子用，和老公说回家的路上顺便绕到附近的超市停留3分钟。"只要3分钟吗？""我只买把葱，3分钟足够了。"只见他嘴角带着笑。

进了超市，我马上被生鲜柜子中各式各样的蔬菜水果吸引，开始盘算晚上的料理缺不缺什么材料。煮个排骨汤吧，我伸手拿了一盒猪小排。不然再加个凉拌菜，我又拎了一袋小黄瓜。醋好像也快见底了，顺便带一瓶回家。时间一分一秒过去，好像不止停留了3分钟，老公一定等得不耐烦了。匆忙结账，我带着一脸不好意思钻进车中，老公笑着说："早就知道你不可能只买一把葱。"

这时我才想起，葱呢？原来我竟然忘记了最重要的葱啊！

小巧又可爱的杏仁焦糖夹心饼干，让两个远从法国回来的干女儿爱不释手，直说好吃！

Baking Points

🍳 分量：约18组

🍞 烘烤温度：160℃

⏲ 烘烤时间：16～18min

🔘 材 料

A. 焦糖酱
　　细砂糖50g　冷开水15g
　　热水10g

B. 杏仁焦糖饼干
　　无盐奶油100g　糖粉40g
　　焦糖酱25g　杏仁粉30g
　　低筋面粉130g

C. 焦糖奶油
　　无盐奶油30g　焦糖酱20g

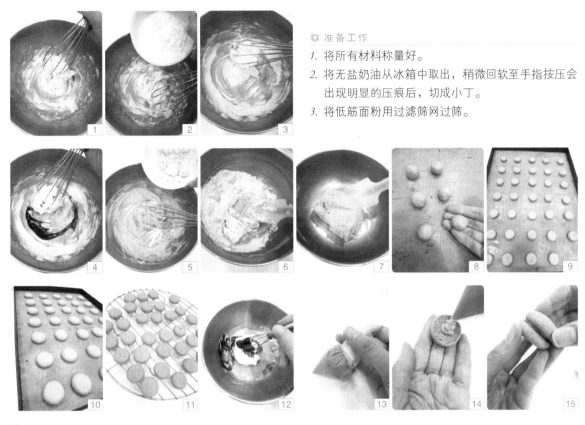

⚙ 准备工作

1. 将所有材料称量好。
2. 将无盐奶油从冰箱中取出，稍微回软至手指按压会出现明显的压痕后，切成小丁。
3. 将低筋面粉用过滤筛网过筛。

⚙ 做法

A 制作焦糖酱

1. 请参考31页焦糖酱的做法。

B 制作杏仁焦糖饼干

2. 将无盐奶油放入钢盆中，用打蛋器搅拌成乳霜状。（图1）
3. 加入糖粉继续搅拌1～2min，成为提起时尾端挺立的奶油霜。（图2、图3）
4. 加入焦糖酱搅拌均匀，再将杏仁粉加入搅拌均匀。（图4、图5）
5. 将过筛的低筋面粉加入，以刮刀与钢盆底摩擦的方式混合均匀成无粉粒的团状（不要过度搅拌，以免面粉产生筋性，影响口感）。（图6、图7）
6. 将混合好的面团用手捏取一小块（每一块约9g），在手心中滚圆（若天气太热，可以把面团用保鲜膜包起来，放入冰箱冷藏30min）。（图8）
7. 将面团间隔整齐地放入烤盘中，用手将小面团稍微压扁（厚度约0.5cm）。（图9）
8. 放入已经预热至160℃的烤箱中，烘烤16～18min至表面呈均匀的浅黄色即可。（图10）
9. 烤好后移至铁网架上放凉。（图11）

C 制作焦糖奶油

10. 回温软化的无盐奶油，加入焦糖酱混合均匀后，装入小塑料袋中扎紧。（图12、图13）
11. 在塑料袋前端剪一个小孔，将已经放凉的杏仁焦糖饼干大小适合地搭配在一起，再将焦糖奶油馅适量地挤入，夹起即可。（图14、图15）
12. 成品请放入冰箱冷藏密封保存。

Almond Orange Biscuit

杏仁甜橙意大利脆饼

端午节还没有过，气温就忽然升高，室外就像一个大烤箱，出门变成了一件苦差事。但很多人还是必须顶着太阳工作，实在要为他们加加油。我刚开始工作的时候，曾经在工地待过一段时间，还没有去上班时，完全不知道室外工作的辛苦。冬天冷的时候，双手冻得红肿，好像香肠一样，双颊也变成了苹果；夏天酷热还必须戴安全帽，皮肤也晒到脱皮起疹，回家衣服上都会出现结晶盐粒。第一天上班，不小心听到主管和其他同事打赌，说我一定撑不过三天就会离职。

其实第一天下班的时候我心里就打了退堂鼓，但是好强的我不服输，不希望被人看成娇娇女，咬紧牙关竟然待到工程结束。那时候体会到，只要有心愿意做，人的潜力其实是无穷的。虽然没有再跟当时的同事联系，不过那段经历给了我很多有趣的回忆！

Baking Points

分量：约16根

烘烤温度：180℃→140℃

烘烤时间：25min→20min

● 材 料

鸡蛋1个　细砂糖50g

橄榄油30g　杏仁粉50g

低筋面粉120g　牛奶10g

糖渍柠檬皮50g

（做法请参考30页）

● 准备工作

1. 将所有材料称量好，鸡蛋回复至室温。

2. 将低筋面粉使用过滤筛网过筛。（图1）

3. 将糖渍柠檬皮切成小丁状。（图2）

4. 找一个比搅拌用钢盆稍微大一些的钢盆，装水煮至50℃。

5. 烤箱预热至180℃。

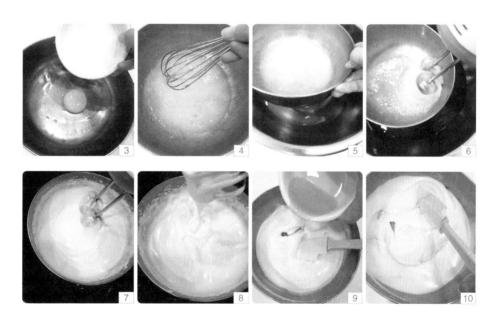

● 做法

1. 将鸡蛋与细砂糖放入钢盆中，用打蛋器搅拌均匀。（图3、图4）

2. 将搅拌用钢盆放在已经煮至50℃的大一些的钢盆上方，用隔水加热的方式加热。（图5）

3. 高速将全蛋液打发。（图6、图7）

4. 打到蛋糕膨松，拿起打蛋器时滴落下来的蛋糊有非常清楚的折叠痕迹即可（全过程8～10min）。（图8）

5. 将橄榄油倒入打发的蛋糊中搅拌均匀。（图9、图10）

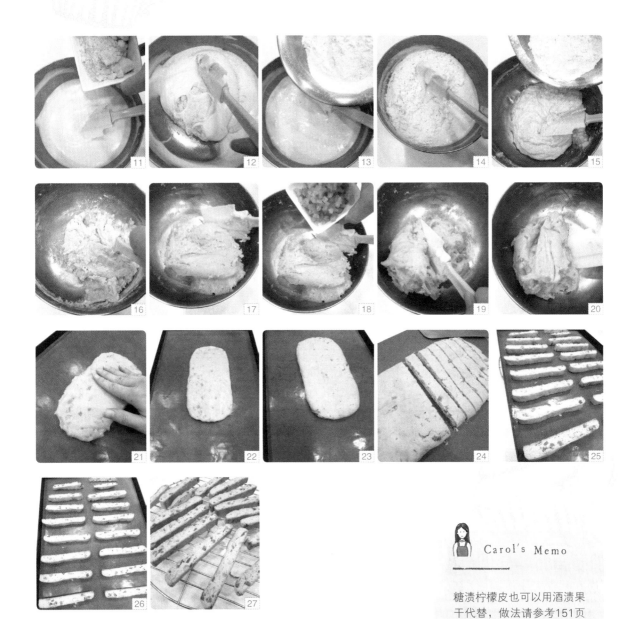

6. 再加入杏仁粉，混合均匀。（图11、图12）

7. 将牛奶与低筋面粉分两次加入，用刮刀以切拌的方式混合成团状。（图13～图17）

8. 加入糖渍柠檬皮，混合均匀。（图18～图20）

9. 将完成的面糊倒入烤盘中，用手整成厚约2cm的椭圆形。（图21、图22）

10. 放入已经预热至180℃的烤箱中，烘烤25min后从烤箱中取出。（图23）

11. 稍微放凉，用刀切成宽约1.5cm的条状。（图24）

12. 将切面朝上，间隔整齐地排放在烤盘中。（图25）

13. 再放入已经预热至140℃的烤箱中，烘烤20min即可关火，再焖到凉后取出。（图26、图27）

14. 密封保存。

Cookie

压模饼干

Cookie

- 杏仁焦糖酥饼 Almond Bar
- 果酱饼干 Jam-filled Cookies
- 猫咪压模饼干 Butter Cookies
- 植物油炼乳双色饼干 Condensed Milk Cookies
- 全麦香葱苏打饼干 Green Onion Saltine Cracker
- 起司马铃薯条 Potato Cheese Saltine Cracker
- 布列塔尼奶油酥饼 Galletes Bretonnes
- 焦糖肉桂全麦饼干 Caramel Cinnamon Cookies
- 宝石饼干 Candy Cookies

Cookie

杏仁焦糖酥饼

又是一年新的开始，大家都怎么度过新年的？Leo和同学去看电影，我和老公窝在沙发上看影集。台北冷飕飕的，做什么事都提不起精神，我和猫一样整天懒洋洋的。

新的一年，期望自己贯注更多的热情在喜欢的事情上，让生活有更多美好的回忆。岁月是不等人的，把握当下，生命才不会有任何遗憾。

Annie's Ma提起了好吃的坚果酥饼，天气不好，正好让我在家做点心。酥脆的饼干铺上满满的杏仁焦糖，好吃得会停不了口！

Baking Points

分量：约24个（3cm×6cm的长方形）

饼干底

烘烤温度：170℃

烘烤时间：12~13min

杏仁焦糖酥饼

烘烤温度：180℃

烘烤时间：15min

材料

A. 饼干底

无盐奶油60g 糖粉40g 蛋黄1个
帕梅森起司粉15g 低筋面粉120g〔图A〕

B. 杏仁焦糖

杏仁片100g 无盐奶油40g 细砂糖45g
蜂蜜30g 动物性鲜奶油30g〔图B〕

A   B

○ 准备工作

1. 将所有材料称量好。

2. 将低筋面粉与糖粉分别使用过滤筛网过筛。〔图1、图2〕

3. 将无盐奶油室温回软，到手指可以压出印痕即可，切成小块（奶油不要回温到太软，只要手指按压有痕迹即可）。〔图3〕

○ 做法

A 制作饼干底

1. 将无盐奶油用打蛋器打成乳霜状。〔图4〕

2. 加入糖粉继续搅拌2~3min，成为提起时尾端挺立的奶油霜。〔图5〕

3. 将蛋黄加入，搅拌均匀。〔图6〕

4. 再将帕梅森起司粉加入混合均匀。〔图7、图8〕

5. 将过筛的低筋面粉分两次加入，用刮刀以按压的方式混合成团状（不要过度搅拌，以免面粉产生筋性，影响口感）。〔图9~图11〕

6. 将混合完成的面团放到一大张保鲜膜上。〔图12〕

7. 用保鲜膜包裹起来，整成20cm×20cm的正方形面皮，再放入冰箱冷藏30min。〔图13~图15〕

8. 将冷藏好的面皮垫上防粘烤焙纸放在烤盘中。（图16）

9. 用叉子在面皮上均匀扎上小孔。（图17、图18）

10. 放入已经预热至170℃的烤箱中，烘烤12～13min 至表面呈金黄色（中间调头一次，使饼干上色均匀）。（图19）

11. 烤好后取出放凉。

B 制作杏仁焦糖

12. 将无盐奶油、细砂糖、蜂蜜及动物性鲜奶油放入钢盆中。（图20）

13. 轻轻摇晃一下钢盆，使材料混合均匀。（图21）

14. 开小火煮材料，一开始不要搅拌，以免细砂糖不熔化。（图22）

15. 当材料变成咖啡色后，轻轻搅拌均匀。

16. 煮到材料呈咖啡色并冒大泡后马上关火，将杏仁片倒入迅速搅拌均匀。（图23、图24）

C 组合并烘烤

17. 将杏仁焦糖均匀铺在烤好的饼干底上。（图25、图26）

18. 放入已经预热至180℃的烤箱中，烘烤15min至饼干呈金黄色。（图27、图28）

19. 取出稍微放凉后，将边缘切平整（不可以等到完全凉透后再切，否则会不好操作）。（图29）

20. 平均切成自己喜欢的大小即可。（图30～图32）

21. 完全凉透后必须密封才能保持酥脆。

Carol's Memo

a. 帕梅森起司粉可以省略。

b. 包装袋可在烘焙材料店找到适合的。

c. 第二次烘烤的时候，底部可以多垫一个烤盘或将下火温度调低，以免烤焦。

Jam-filled Cookies

果酱饼干

　　每到12月，我的心情便会随之变得缤纷多彩。温暖的围巾、大红色的外套、晶晶亮亮的装饰，这样的气氛总让我深深着迷。音乐播放器换上充满圣诞气息的音乐，我在厨房忙着烘烤美味可口的小甜饼。

　　空气中有甜香的滋味飘散，想将这样单纯的幸福分享给屏幕前的你……

Baking Points

🍚 分量：约22组（直径5.5cm）

🍱 烘烤温度：150℃

🕐 烘烤时间：12～15min

❀ 材 料

A. 果酱夹馅

a. 杏子口味：
　　杏果酱2大匙　冷开水1/2大匙
　　玉米淀粉1小匙、冷开水1/2小匙混合均匀

b. 蓝莓口味：
　　蓝莓果酱2大匙　冷开水1/2大匙
　　玉米淀粉1小匙、冷开水1/2小匙混合均匀 图A

B. 饼干
　　低筋面粉200g　糖粉50g
　　无盐奶油100g　鸡蛋1个
　　盐1/8小匙（约1g）　朗姆酒1/2小匙 图B

A

B

1. 将无盐奶油回复室温，至手指按压有压痕的程度后，切成小丁。〔图1〕
2. 将低筋面粉过筛。〔图2〕
3. 将糖粉过筛。〔图3〕
4. 准备一大一小的饼干模（形状随自己喜好）。

❂ 做法

A 制作果酱夹馅

1. 分别将果酱放入钢盆中，加入1/2大匙冷开水混合均匀。〔图4、图5〕
2. 用小火将果酱煮沸。
3. 慢慢加入玉米淀粉水，边加边搅拌、混合均匀，煮至浓稠后熄火。〔图6、图7〕
4. 放凉备用。〔图8〕

B 制作饼干

5. 将奶油丁用电动打蛋器打成乳霜状。〔图9〕
6. 加入糖粉及盐继续搅拌2~3min，成为提起时尾端挺立的奶油霜。〔图10、图11〕
7. 将全蛋液分四五次加入，混合均匀。〔图12〕
8. 将朗姆酒加入，搅拌均匀。
9. 再将过筛的低筋面粉加入（分两次），用刮刀以按压的方式混合成团状（不要过度搅拌，以免面粉产生筋性，影响口感）。〔图13~图15〕

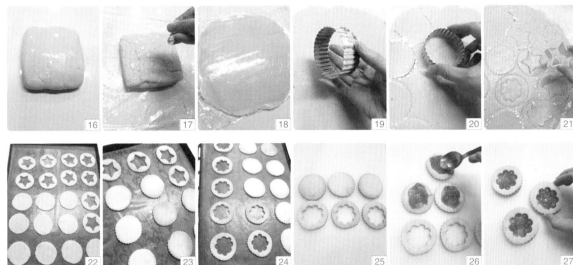

10. 将混合完成的面团用保鲜膜包覆，放入冰箱冷藏30min。（图16）

11. 将面团从冰箱中取出，表面撒一些低筋面粉避免黏结。（图17）

12. 在面团上再铺一层保鲜膜，用擀面杖将面团擀成厚约0.3cm的面皮。（图18）

13. 将表面的保鲜膜撕开。饼干模沾一点低筋面粉，并将多余的面粉敲除。（图19）。

14. 在面皮上压出整齐的造型。（图20）

15. 在其中一半的圆形面皮中间，再使用较小的饼干模压出空心造型。（图21）

16. 一片一片地小心取下，间隔整齐地排放在烤盘中（烤盘若不是防粘材质，请垫上防粘烤焙布或涂抹上一层奶油）。（图22）

17. 将压完饼干剩下的面团集合成一团压实（不要搓揉，用捏紧的方式集中起来，才不会使面粉产生筋性，影响口感）。

18. 再用擀面杖将面团压成厚度约0.3cm的平整面皮。

19. 继续用饼干模在面皮上压出饼干造型。

20. 重复步骤11～16，直到所有面团用完。

21. 将饼干面皮放入已经预热至150℃的烤箱中，烘烤12～15min（中间烤盘可以调头一次，使饼干上色均匀）。（图23、图24）

22. 烤好后取出放凉。

C 组合

23. 将饼干一组一组配对，一个圆底配上一个空心造型。（图25）

24. 在圆底饼干中间放上适量的果酱。（图26）

25. 将空心造型饼干覆盖上即完成。（图27）

26. 完成的饼干请密封放入冰箱冷藏保存。（图28）

Carol's Memo

a. 果酱可选择自己喜欢的口味。

b. 果酱中加一些玉米淀粉水熬煮会比较浓稠。

c. 加朗姆酒可以去蛋腥味，朗姆酒可以用白兰地或君度橙酒代替。

d. 若面皮太软无法操作，请在步骤11完成后，将擀好的面皮连同保鲜膜一起平放入冰箱冷冻室，5min后取出，再继续以下的步骤即可。

猫咪压模饼干

我的爱情黄金比例配方：体谅2大匙，温柔3大匙，努力200mL，梦想2大匙，谈心20mL，冷战1小匙，牢骚1/4小匙，坦率6大匙，包容50mL，知足适量。

日复一日，将以上材料放入掌心中，一点一点加热，再细细融合均匀，用200℃的珍惜烘烤出幸福。

情人节快乐！

Baking Points

分量：原味及巧克力味共约50片

烘烤温度：160℃

烘烤时间：12～15min

✿ 材料

A. 原味饼干

　　无盐奶油50g　糖粉25g

　　蛋黄1个　低筋面粉100g

B. 巧克力味饼干

　　无盐奶油50g　糖粉25g

　　蛋黄1个　低筋面粉80g

　　无糖纯可可粉20g

❂ 准备工作

1. 将材料称量好，无盐奶油回复至室温（无盐奶油不要回温到太软的状态，只要手指按压有痕迹即可）。
2. 将低筋面粉与糖粉分别使用过滤筛网过筛。（图1、图2）
3. 将回软的奶油切成小块。（图3）

❂ 做法

1. 将无盐奶油用打蛋器打成乳霜状。
2. 加入糖粉继续搅拌2～3min，成为提起时尾端挺立的奶油霜。（图4～图6）
3. 将蛋黄加入搅拌均匀。（图7、图8）
4. 将过筛的低筋面粉分两次加入，用刮刀以按压的方式混合成团状（不要过度搅拌，以免面粉产生筋性，影响口感）。（图9～图11）
5. 将混合完成的面团放到一大张保鲜膜上。（图12）
6. 将面团整成方形，用保鲜膜包裹起来，放入冰箱冷藏30min。（图13、图14）
7. 在面团稍微冰硬后从冰箱中取出，在表面撒一些低筋面粉。（图15）

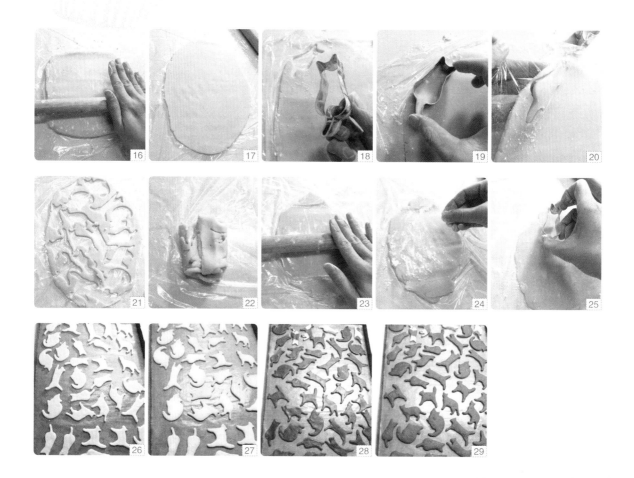

8. 用擀面杖慢慢地将面团擀成厚度约0.4cm的薄片。（图16、图17）

9. 在饼干模上沾一点低筋面粉，在面皮上压出饼干造型（若觉得面团太软不好操作，可以再放入冰箱冷藏6~7min将其冻硬些）。（图18、图19）

10. 用手从保鲜膜后面撑起，将压好的面皮小心取下。（图20）

11. 将面皮间隔整齐地排放在烤盘中（烤盘若不是防粘材质，请垫上防粘烤焙布或涂抹上一层奶油）。

12. 将压完饼干剩下的面团集合成一团压实（不要搓揉，用捏紧的方式集中起来，才不会使面粉产生筋性，影响口感）。（图21、图22）

13. 再用擀面杖将面团擀压成厚度约0.4cm的平整面皮。（图23、图24）

14. 继续用饼干模在面皮上压出饼干造型。（图25）

15. 重复步骤8~11，直到所有面团做完。

16. 巧克力面团按照普通面团的做法完成。

17. 也可以将两种颜色的面团混合，做出双色的图案。

18. 放入已经预热至160℃的烤箱中，烘烤12~15min（中间烤盘可以调头一次，使饼干上色均匀）。（图26~图29）

Carol's Memo

a. 饼干模可以使用任何造型。

b. 压模造型越复杂，面团拿取时越需要耐心，这样才不会破。

Condensed Milk Cookies

植物油炼乳双色饼干

三月天，天气越来越暖和，可以看到杜鹃花盛开的美景。淡淡的阳光从树梢洒下，晒久了还会有一点热。出门随意走走晃晃，也感到无比舒适。

春天，花朵盛开的季节，到山上看看花，找回许久没有的那一份感动！

植物油做的饼干适合不能吃奶油的朋友。因为材料本身的限制，所以没有打发的步骤，成品口感会比较脆硬。准备双色面团很适合做些变化，利用大小不同的饼干模就可以完成美丽的花朵造型。

Baking Points

 分量：约30片

 烘烤温度：160℃

 烘烤时间：15～18min

 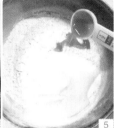 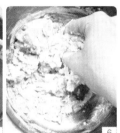

✿ 材　料

A. 草莓面团

　　低筋面粉80g　玉米淀粉30g
　　糖粉30g　炼乳20g
　　草莓果酱2大匙　橄榄油30g
　　牛奶1/2～1大匙（调整面团湿度）

✿ 做法

1. 将材料称量好。

2. 将低筋面粉和玉米淀粉混合均匀后过筛。〔图1〕

3. 将过筛完成的粉类放入钢盆中。

4. 依次将其他材料加入，用手快速抓捏，压紧成均匀的团状（搓揉和压捏不同，不要过度搓揉，以免面粉产生筋性，影响口感）。〔图2～图4〕

5. 柳橙面团按照草莓面团的做法完成。〔图5～图7〕

 Carol's Memo

a. 植物油做出的口感比较脆硬，与奶油不同。

b. 果酱可以使用自己喜欢的口味，或直接使用抹茶粉或无糖纯可可粉代替。

　　抹茶面团：低筋面粉80g、玉米淀粉30g、糖粉30g、炼乳20g、抹茶粉1大匙、橄榄油30g、牛奶1～1.5大匙（若太干请自行增加）。

　　可可面团：低筋面粉80g、玉米淀粉30g、糖粉30g、炼乳20g、无糖纯可可粉1大匙、橄榄油30g、牛奶1～1.5大匙（若太干请自行增加）。

　　原味面团：低筋面粉80g、玉米淀粉30g、糖粉30g、炼乳20g、橄榄油30g。

c. 炼乳可以使用蜂蜜代替。

d. 牛奶请视面团的干湿度斟酌添加。

B. 柳橙面团

　　低筋面粉80g　玉米淀粉30g
　　糖粉30g　炼乳20g
　　柳橙果酱2大匙　橄榄油30g
　　牛奶1/2～1大匙（调整面团湿度）

6. 将两个面团覆盖上保鲜膜，擀成厚约0.3cm的片状。﹝图8﹞

7. 利用大小不同的饼干压模压出自己喜欢的造型。﹝图9～图13﹞

8. 将压出来的两种颜色的面团互相交换组合，就变成了双色造型。﹝图14、图15﹞

9. 将剩下的饼干面团集中起来紧压成团，然后再度擀开。﹝图16～图19﹞

10. 重复步骤6～8，将所有面团做完。

11. 将完成的饼干面团间隔整齐地排放在烤盘中。﹝图20﹞

12. 放入已经预热至160℃的烤箱中，烘烤15～18min即可。﹝图21﹞

13. 烤好后将饼干移至铁网架上放凉，完全凉透后密封冷藏保存，可以保存1个月左右。

Green Onion Saltine Cracker

全麦香葱苏打饼干

老天才给了一两天的阳光，大雨又开始下个不停，稀里哗啦的雨声终日不绝于耳。晚上传来邻居大声争执的声音，天气不好，大概情绪也连带受到了影响。心情管理其实是不简单的事，不过人不是机器，难免有一些情绪话产生。话一出口就收不回来，事后再怎么弥补，伤害也已经造成。尤其在网络上做一些评论更要注意，虽然言论自由，但不代表就能做一些毫无根据的发言，必须遵守伦理与礼节。

天气差，上班上学更是辛苦，但还是要保持平稳的心境。搬出冰箱里的材料，开始做自己最喜欢的事情。烤一盘咸香饼干，给下午茶时间换口味。不管雨天还是晴天，只要心中充满正能量，生活中自有阳光出现！

Baking Points

分量：约30片

烘烤温度：170℃

烘烤时间：18～20min

◉ 材 料

低筋面粉150g 全麦面粉50g

无盐奶油40g 速发干酵母1/3小匙

温水30mL 鸡蛋1个（小）

砂糖15g 盐4g（约4/5小匙）

青葱2根（或干燥葱末10g）

无盐奶油10g（表面涂抹）

◎ 准备工作

1. 将青葱洗净，沥干水分，切成小段，放入已经预热至70～100℃的烤箱中烘烤至干燥（20～30min）。〔图1、图2〕

2. 将所有材料称量好，水稍微加热到35℃（与体温相近）。

3. 将速发干酵母加入温水中混合均匀，放凉。〔图3、图4〕

4. 将无盐奶油切成小块。〔图5〕

◎ 做法

1. 将低筋面粉及全麦面粉放入钢盆中，用手将两种面粉稍微混合均匀。

2. 将奶油块从冰箱中取出倒入。〔图6〕

3. 用手搓揉奶油块及面粉。〔图7〕

4. 直到奶油变成小碎粒。〔图8、图9〕

5. 将其他材料一起倒入。〔图10〕

6. 将所有材料快速混合，稍微揉均匀成团状。（图11～图13）

7. 将面团用擀面杖擀成长方形。（图14、图15）

8. 将面皮折成3等份。（图16、图17）

9. 将面团旋转90°，擀成一片厚度约0.2cm的面皮。（图18、图19）

10. 利用钢尺与滚轮刀辅助，将面皮切成多个约5cm×5cm的正方形。（图20）

11. 将小面皮间隔整齐地放在烤盘上，用叉子在面皮上扎出一些小孔。（图21）

12. 在面皮表面涂抹一层熔化的无盐奶油，静置30min。（图22）

13. 放入已经预热至170℃的烤箱中，烘烤18～20min到表面呈现金黄色。（图23）

14. 将烤好的饼干移至铁网架上放凉。

15. 密封冷藏保存7～10天。

 Carol's Memo

a. 烘烤时间请按照实际情况调整。时间到后，用手稍微摸一下饼干，若觉得还有一点软，可以将温度降低点再多烘烤一些时间；或将烤箱关掉，用余温将饼干直接焖到凉，饼干也会变得干燥酥脆。

b. 饼干若回软，可以放入已经预热至150℃的烤箱中烘烤5～6min，即可恢复酥脆。

c. 无盐奶油也可以用30g植物油代替，口感与香气多少会有些不同。

Potato Cheese Saltine Cracker

起司马铃薯条

收到通知单，看了一下内容，下午4时，真是一个尴尬的时间。处理完事情再搭车回家准备晚餐实在有一点赶，这几年宅在家作息正常的我，一旦生活节奏被打乱就会感到不安。但转念一想，好长时间没有到市中心蹓了，何不让Leo自己做晚餐？我和老公在东区约了吃个饭，重温一下好久没有的两人世界。

夜晚的城市与白天有着特别不一样的风貌，霓虹灯光衬托着夜空的繁星点点，车水马龙的街头，行色匆匆的上班族赶着回家，每一张脸都在为生活、为挚爱的家人努力打拼。想想不久前的我也曾经是其中的一员，感觉格外亲切。

出门晃晃，看到好多新开的餐厅。来自日本的地道日式拉面及日式猪排，排队的人络绎不绝。好奇并想尝鲜的我也忍不住加入其阵容，果真是好吃！

吃完晚餐，我们坐在百货公司的露台聊天，难得放下家务、放下猫咪，夜色这么干净，竟然让人不想太早回家。我们沿着干净宽敞的街道慢慢散步，欣赏精彩的公共艺术装置，一路上话题不断。偶尔停下步伐，静心体会我们居住的空间，会发现城市另一面的美。

咸饼干是我解馋的小零食，少油、无糖、制作快速，点心柜中一定要随时准备一些。添加了马铃薯泥，口味更吸引人，薄脆咸香，让人一条接一条停不下手。

Baking Points

○ 材 料

低筋面粉120g　帕梅森起司粉2大匙
盐1/4小匙　熟马铃薯泥130g
蛋黄1个　无盐奶油20g

分量：约40条

烘烤温度：160℃→140℃

烘烤时间：10min→25min

 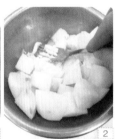   

○ 准备工作

1. 将马铃薯去皮切块，放入足量的水中，煮15min至筷子可轻易插入的程度。〔图1〕

2. 捞起沥干水分，趁热用叉子压成泥，取130g放凉。〔图2、图3〕

3. 将低筋面粉用过滤筛网过筛。〔图4〕

4. 将无盐奶油放入微波炉加热10～15s，或隔水加热熔化成液体。〔图5〕

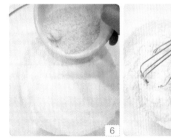  

○ 做法

1. 将帕梅森起司粉、盐加入低筋面粉中，用打蛋器混合均匀。〔图6、图7〕

2. 加入熟马铃薯泥及蛋黄。〔图8〕

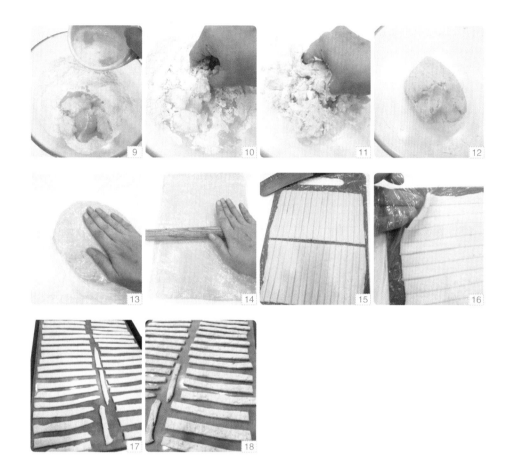

 Carol's Memo

无盐奶油可以用同分量的
植物油代替。

3. 倒入熔化的无盐奶油。〔图9〕

4. 用手将所有材料混合均匀，成为无粉粒的团状（不要过度搅拌，以免面粉产生筋性，
   影响口感）。〔图10～图12〕

5. 将面团上下用保鲜膜覆盖，慢慢压扁。〔图13〕

6. 用擀面杖将面团擀成厚度约0.4cm的片状。〔图14〕

7. 撕开表面的保鲜膜，用刀切成条状。〔图15、图16〕

8. 将面团间隔整齐地排放在烤盘中。〔图17〕

9. 放入已经预热至160℃的烤箱中烘烤10min，再将温度调整到140℃，继续烘烤25min至
   饼干脆硬即可。〔图18〕

10. 等完全凉透后可密封保存。

Galletes Bretonnes

布列塔尼奶油酥饼

　　记忆中练琴是一件很枯燥辛苦的事，但我喜欢指尖在黑白键上跳跃的感觉。小学的时候，到老师家上钢琴课是每星期最重要的一件事。我要带着妹妹坐公交车到钢琴老师家，除了学习新的曲子，也要把一星期练习的成果复习一遍请老师指导。有时候因为贪玩没有认真练习，在公交车上猛背琴谱，担心弹不好受到老师严厉的责骂，这一幕幕往事都变成了我的珍宝。现在，我的手指早已因为太久没有练习而僵硬，但耳边还是常常响起熟悉的练习曲的旋律，心中浮现出妈妈督促我练琴的身影。父母给我们的爱与叮咛是无私的，一辈子都要放在心中。

　　布列塔尼奶油酥饼是法国布列塔尼地区传统的甜点，奶油杏仁味浓郁，烘烤后呈金黄色、厚实、口感酥松，味道很棒！

Baking Points

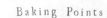 分量：约20片

烘烤温度：170℃

烘烤时间：16～18min

❀ 材 料

无盐奶油100g　糖粉50g　盐1/8小匙
蛋白液20g　杏仁粉50g
低筋面粉140g　蛋黄1个（表面装饰）

❀ 准备工作

1. 将材料称量好。

2. 将无盐奶油从冰箱中取出，稍微回软至手指按压会出现明显的压痕后，切成小丁。〔图1〕

3. 将低筋面粉用过滤筛网过筛。〔图2〕

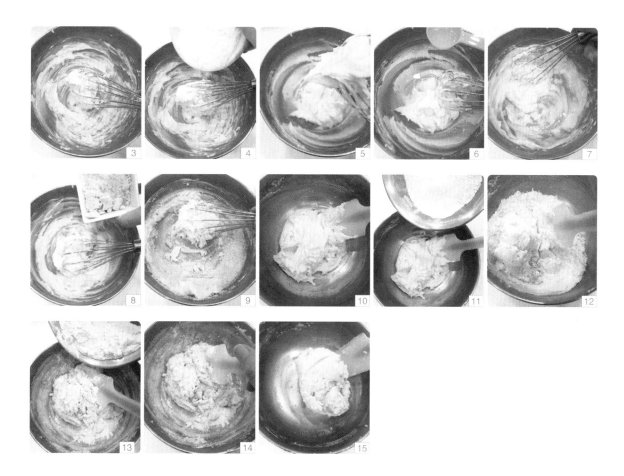

❀ 做法

1. 将无盐奶油放入钢盆中，用打蛋器搅拌成乳霜状。〔图3〕

2. 加入糖粉及盐继续搅拌2～3min，成为提起时尾端挺立的奶油霜。〔图4、图5〕

3. 将蛋白液及杏仁粉加入搅拌均匀。〔图6～图10〕

4. 将过筛的低筋面粉分两次加入，以刮刀与钢盆底摩擦的方式混合均匀成无粉粒的团状（不要过度搅拌，以免面粉产生筋性，影响口感）。〔图11～图15〕

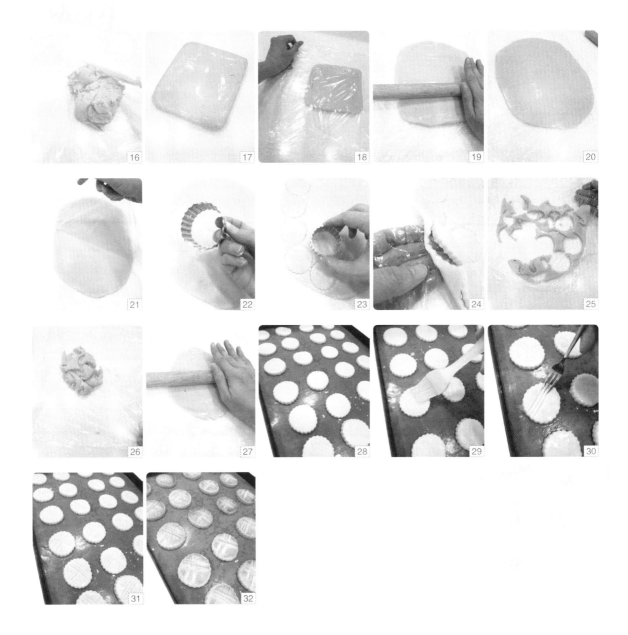

5. 将面团用保鲜膜包覆起来，先暂时放入冰箱冷藏或冷冻30~40min。（图16、图17）

6. 将冰好的面团取出，上下覆盖一张保鲜膜，用擀面杖擀成厚度约0.5cm的面皮。（图18~图21）

7. 将饼干压模稍微沾点面粉，在面皮上压出造型。（图22~图24）

8. 将剩下的饼干面团集中起来紧压成团，然后再度擀开。（图25~图27）

9. 重复步骤5~7，将所有面团做完。

10. 将完成的饼干面团间隔整齐地排放在烤盘中。（图28）

11. 在饼干表面刷一层蛋黄液，用叉子划出竖直、水平线条。（图29、图30）

12. 放入已经预热至170℃的烤箱中，烘烤16~18min即可。（图31、图32）

13. 烤好后，将饼干移至铁网架上放凉，完全凉透后密封保存。

Caramel Cinnamon Cookies

焦糖肉桂全麦饼干

没有特别安排的日子，我会到社区的运动中心做做运动。一方面年龄大了新陈代谢变慢，不养成运动的习惯身材会日渐走样；更重要的是希望自己身体健康，有良好的体力照顾全家人的饮食。

跑步机旁边是一台台球桌，每天早上固定有一组人来打台球，一位中年先生与一位年纪较大的女士，他们是默契的球友。偶尔听他们抬杠、聊聊时事就觉得很有趣，枯燥的跑步机时间也不觉得那么无聊。

有时候，中年先生的太太也会和他一起来打球，我发现他和太太与那位年纪较大的女士互动完全不同。与太太打球时温柔细腻，虽然话不多，但感觉得出来，他都在小心地做球给太太接球。而与那位年纪较大的女士打球时，他变得风趣幽默又爱杀球，这样的情景让我觉得好有趣，这就是他对太太的一种爱吧！

Baking Points

🍴 分量：18~20片

📟 烘烤温度：160℃

⏲ 烘烤时间：16~18min

❀ 材料

无盐奶油30g 焦糖酱20g

盐1/8小匙 蛋白15g

肉桂粉1/2小匙 低筋面粉60g

全麦面粉30g

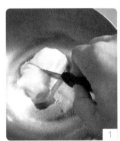 

❀ 准备工作

1. 焦糖酱的做法请参考31页。

2. 将所有材料称量好。

3. 将无盐奶油从冰箱中取出，稍微回软至手指按压会出现明显的压痕后，切成小丁。〔图1〕

4. 将低筋面粉和肉桂粉用过滤筛网过筛。〔图2〕

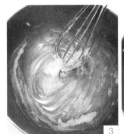 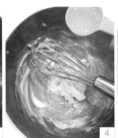  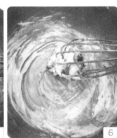 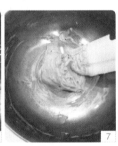

❀ 做法

1. 将无盐奶油放入钢盆中，用打蛋器搅拌成乳霜状。〔图3〕

2. 加入蛋白及盐混合均匀。〔图4、图5〕

3. 加入焦糖酱搅拌均匀。〔图6、图7〕

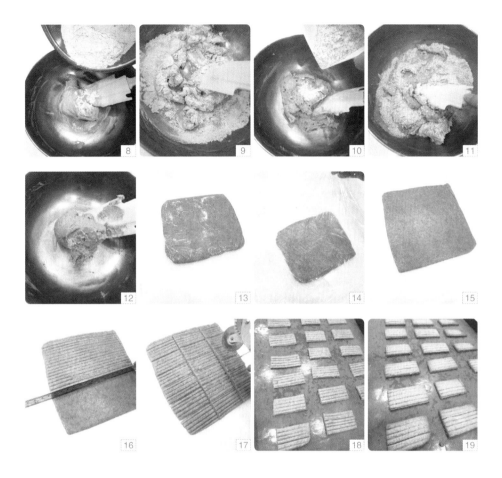

4. 将过筛的肉桂粉、低筋面粉及全麦面粉加入，以刮刀与钢盆底摩擦的方式混合均匀成无粉粒的团状（不要过度搅拌，以免面粉产生筋性，影响口感）。〔图8~图12〕

5. 用保鲜膜将面团包覆，整成方形，放入冰箱冷藏2~3h至硬。〔图13、图14〕

6. 将面团从冰箱中取出，用擀面杖擀成厚约0.3cm的面皮。〔图15〕

7. 用钢尺在面皮上轻压出条纹做装饰。〔图16〕

8. 将面皮切成大小均匀的长方形。〔图17〕

9. 将面皮间隔整齐地排放在烤盘上。〔图18〕

10. 放入已经预热至160℃的烤箱中，烘烤16~18min至饼干脆硬即可。〔图19〕

11. 完全凉透后密封保存。

宝石饼干

　　公公婆婆的退休生活多姿多彩，他们除了国内国外结伴旅游，也去上课学习新的事物。他们是我看到过的最会生活的老人家，两个人最近更是申请了脸谱网账号，拿着智能手机及平板电脑，不时与儿孙、亲友们分享每天遇到的各种新鲜事。年轻的时候他们努力打拼，认真工作超过40年。退休之后，他们尽情地享受人生，让自己保持活力旺盛。祝福他们二老的生活像这款彩色的宝石饼干一样闪闪亮亮！

　　彩色水果糖是小时候的最爱，没有太多零食、点心的那个年代，几个五颜六色的水果糖就是很大的奖励。压模饼干中间铺满敲碎的水果糖，进入烤箱熔化后就变成了一片透明薄膜。漂亮的宝石饼干非常适合在圣诞节烘烤，为节日添加欢乐的气氛！

Baking Points

分量：约35片

烘烤温度：170℃→170℃

烘烤时间：12min→7～8min

❀ 材料

无盐奶油100g　细砂糖70g　盐1/8小匙
鸡蛋1个（约55g）　低筋面粉210g
彩色水果糖10～12个

● 准备工作

1. 将所有材料称量好。
2. 将无盐奶油从冰箱中取出，等稍微回软至手指按压会出现明显的压痕后，切成小丁。（图1）
3. 将低筋面粉用过滤筛网过筛。（图2）

● 做法

1. 将无盐奶油放入钢盆中，用打蛋器搅拌成乳霜状。（图3、图4）
2. 加入细砂糖及盐继续搅拌2～3min，成为提起时尾端挺立的奶油霜。（图5、图6）
3. 将鸡蛋分两次加入，搅拌均匀。（图7、图8）
4. 将过筛的低筋面粉分两次加入，以刮刀与钢盆底摩擦的方式混合成无粉粒的状态（不要过度搅拌，以免面粉产生筋性，影响口感）。（图9、图10）
5. 直接用手将面团压紧，捏成团状。（图11～图13）
6. 用保鲜膜将面团包覆。（图14）
7. 将面团压扁整成方形，放入冰箱冷藏1～2h至硬。（图15、图16）

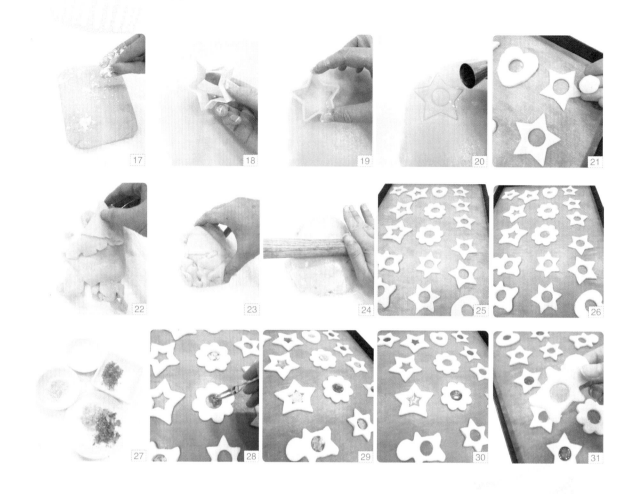

Carol's Memo

水果糖不要太早取出敲碎，以免糖受潮粘在一起。

8. 将冰硬的面团从冰箱中取出，在工作台上及面团表面撒一些低筋面粉。（图17）

9. 将面团用擀面杖擀成厚度约0.3cm的片状。

10. 将喜欢的饼干压模沾一些低筋面粉，在面皮上压出中空造型。（图18～图21）

11. 将剩下的饼干面团集中起来紧压成团，然后再度擀开。（图22～图24）

12. 重复步骤7～10，将所有面团做完。

13. 将完成的饼干面团间隔整齐地排放在烤盘中（烤盘上要铺防粘烤焙布，以免水果糖黏结）。（图25）

14. 放入已经预热至170℃的烤箱中，烘烤12min后取出。（图26）

15. 彩色水果糖用重物敲碎，在饼干中空处铺满水果糖碎。（图27～图29）

16. 再度放入烤箱中，以170℃烘烤7～8min至水果糖熔化即可。（图30）

17. 烤好后不要移动饼干，让饼干在烤盘中放凉。（图31）

18. 完全凉透后密封保存。

挤花饼干

Cookie

- 奶油挤花酥饼 Butter Cookies
- 海苔鸡蛋饼干 Ground Seaweed Egg Cookies
- 巧克力蛋白饼 Egg White Cookies
- 乳酪挤花酥饼 Cream Cheese Cookies
- 巧克力蛋白杏仁脆饼 Chocolate Egg White Cookies
- 海苔蛋白小酥饼 Ground Seaweed Egg White Cookies
- 巧克力酥饼 Chocolate Cookies
- 植物油蛋黄酥饼 Egg Yolk Cookies
- 巧克力达克瓦兹 Dacquoise
- 黄豆粉马卡龙 Soy Macarons
- 巧克力马卡龙 Chocolate Macarons

Butter Cookies

奶油挤花酥饼

　　好像从月初开始就没有再看到阳光出现，台北的天气持续湿冷，我在家里躲着和熊一样，大门不出，二门不迈。水冰得连洗菜都寒冷彻骨，这时候准备晚餐可是件辛苦的差事。老公看我忙，自告奋勇帮我炒青菜，将冰箱中莴苣和菠菜炒成一盘。

　　我好想念阳光，阳光快出现吧！

　　天气不好，做点心还是能让我心情好。忽然想起小时候常常吃的丹麦奶酥，这是我和妹妹的甜美记忆。圆形铁盒像珠宝盒，里面各式各样的饼干中，我们最喜欢奶油滋味丰富的奶油酥饼。稍微变化一下就变成了一款在台湾面包店常常看到的点心，一个饼干两种吃法，快乐加倍！

Baking Points

🕐 分量：约16个

🍳 烘烤温度：180℃

⏱ 烘烤时间：18～20min

♻ 材 料

A. 奶油饼干

　　无盐奶油70g　糖粉50g　盐1/8小匙

　　全蛋液30g　朗姆酒1/2小匙

　　低筋面粉90g　玉米淀粉30g

B. 巧克力蘸酱及夹馅

a. 巧克力砖100g

b. 无盐奶油100g　糖粉20g

◎ 准备工作

1. 无盐奶油回复室温，到手指按压有压痕的程度后，切成小丁。（图1）

2. 将低筋面粉和玉米淀粉混合均匀后过筛。（图2）

3. 将糖粉过筛。

◎ 做法

A 制作奶油饼干

1. 将奶油丁用手提式电动打蛋器打成乳霜状。（图3）

2. 加入糖粉及盐，继续搅拌2～3min，成为提起时尾端挺立的奶油霜。（图4、图5）

3. 将30g全蛋液分四五次加入，混合均匀。（图6）

4. 将朗姆酒加入搅拌均匀。（图7）

5. 再将过筛的粉类分两次加入，用刮刀以按压的方式混合成团状（不要过度搅拌，以免面粉产生筋性，影响口感）。（图8～图10）

6. 将面糊装入挤花袋中，使用星形挤花嘴。（图11）

7. 在铺有防粘烤焙布的烤盘上间隔整齐地挤出S形面糊。（图12、图13）

8. 放进已经预热至180℃的烤箱中，烘烤18～20min。（图14）

B 制作巧克力蘸酱及夹馅

9. 将巧克力砖切碎，用50℃的温水隔水加热熔化后即成巧克力蘸酱。

10. 将无盐奶油回复至室温软化，加入糖粉，用打蛋器搅打成乳霜状，即为奶油酱夹馅。（图15）

11. 将饼干两个一组，中间涂抹上一层奶油酱夹起来。（图16、图17）

12. 将夹好的饼干头尾各蘸上一层巧克力蘸酱。（图18）

13. 放在铁网架上让巧克力蘸酱冷却即可（夏天天气热，可以放入冰箱冷藏2～3min，让巧克力蘸酱更快凝固）。（图19）

海苔鸡蛋饼干

过年前，好朋友丝丝送了一盒好吃的饼干，吃了之后就念念不忘这个好滋味。鸡蛋饼干是很让人怀念的味道，以前还在上班的时候，抽屉中就常常放有一包。浓浓的鸡蛋香，又酥又脆，饿的时候来一片马上解饥，一想到就忍不住动手做。

我特别喜欢饼干中带有一点海苔的味道，微微的咸与海洋的气息，让口味层次更独特，做好给老公品尝，他也直说好吃。

冲壶红茶，嘴里咬着脆脆的海苔鸡蛋饼干，下午茶时间又有好多愉快的话题。

Baking Points

分量：约12片（直径10cm）

烘烤温度：180℃→100℃

烘烤时间：10min→15～20min

❀ 材 料

鸡蛋1个　蛋黄1个

细砂糖60g　无盐奶油20g

低筋面粉100g　海苔粉1大匙

准备工作

❀ 准备工作

1. 将材料称量好。
2. 将无盐奶油用微波炉或隔水加热熔化成液体。（图1）
3. 将低筋面粉用过滤筛网过筛。（图2）

❀ 做法

1. 将鸡蛋与蛋黄放入钢盆中。
2. 加入细砂糖，用打蛋器搅拌5～6min至混合均匀且稍微泛白。（图3）
3. 再将熔化的无盐奶油加入混合均匀。（图4、图5）
4. 将过筛的低筋面粉分两次加入，用刮刀以按压的方式混合均匀（不要过度搅拌，以免影响口感）。（图6～图8）
5. 将面糊装入挤花袋中，使用1cm的圆口挤花嘴。（图9）
6. 烤盘上铺好防粘烤焙布，然后在烤焙布上前后左右间隔约3cm挤出12个直径约3cm的面糊（若烤盘不够大，可以分两次烘烤）。（图10）
7. 在每一个小面糊上撒上适量的海苔粉。（图11、图12）
8. 在完成的饼干面糊上，铺上另一片防粘烤焙布。（图13）
9. 用一个平底的容器，垂直压在面糊上，将面糊压成直径约10cm的圆形。（图14～图16）
10. 将烤盘放入已经预热至180℃的烤箱中，烘烤10min后取出，将表面的防粘烤焙布移开，烤箱温度调低至100℃。（图17）
11. 再放入烤箱中，继续烘烤15～20min至呈金黄色即可（中间烤盘可以调头一次，使饼干上色均匀）。（图18）

Carol's Memo

a. 如果面糊比较厚，烘烤时间要适当延长，请根据烤箱的情况调整。
b. 海苔粉可以在烘焙材料店购买，也可以自行把海苔片剪碎代替。

Egg White Cookies

巧克力蛋白饼

虽然是阴雨天，不过增加了水库的进水量，小小的不方便却让旱情缓解，忽然觉得这场雨好珍贵。家中的大小事样样都需要水，若没有水，真不知道怎么正常过日子。所以，我们一定要养成随时省水的好习惯，珍惜水资源。

用蛋白与糖就可以制作的小饼干，入口非常松脆，是一款十分简单又讨人喜欢的甜点，也很适合当成送给亲友的伴手礼。

Baking Points

 分量：60～70个

 烘烤温度：100℃

烘烤时间：60min

◎ 材 料

蛋白2个（66～70g）　细砂糖60g
无糖纯可可粉3g　杏仁粒1大匙（可省略）

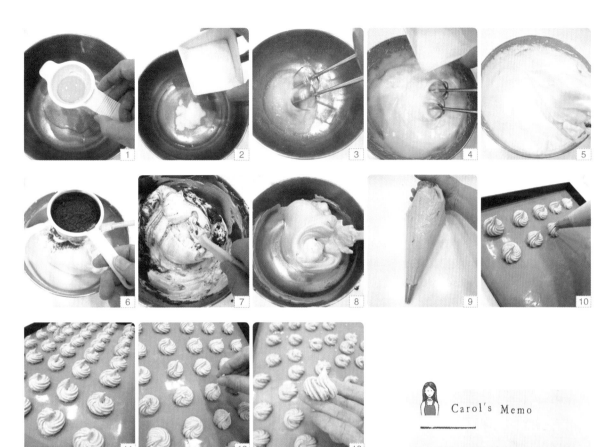

☺ 做法

1. 鸡蛋使用冰的，将蛋黄、蛋白分开，取蛋白部分（蛋白不可以沾到蛋黄、水分及油脂）。〔图1〕

2. 将一半的细砂糖倒入蛋白中，用电动打蛋器高速打发。〔图2、图3〕

3. 泡沫开始变得较多、较细致时，加入剩下的细砂糖，速度保持高速，将蛋白打到拿起打蛋器时尾端挺立的状态即可。〔图4、图5〕

4. 将无糖纯可可粉用过滤筛网筛入做好的蛋白霜中。〔图6〕

5. 用橡皮刮刀混合均匀。〔图7、图8〕

6. 将完成的蛋白霜装入挤花袋中，使用星形挤花嘴。〔图9〕

7. 烤盘上铺上防粘烤焙布，间隔整齐地将蛋白霜挤出。〔图10、图11〕

8. 按照个人喜好在成品表面撒上一些杏仁粒。〔图12〕

9. 放入已经预热至100℃的烤箱中烘烤60min。

10. 取出放凉后即变酥脆，马上装袋密封保存，以免返潮。〔图13〕

Carol's Memo

a. 烘烤时间请按照成品的实际状况调整，若取出放凉后试吃不够酥脆或返潮，可以再放回烤箱烘烤一段时间。

b. 若天气潮湿，饼干一放凉务必马上装袋密封，放入冰箱冷藏保存，否则会返潮变黏。放入冰箱可以保存1~2个月。

c. 烤盘上必须铺一张防粘烤焙布才能防粘，一般的防粘烤焙纸效果差。

d. 此分量可做两烤盘，两烤盘可以一同放入烤箱烘烤。烘烤到一半时间时，请将上下烤盘对调，以利于烘烤均匀。

e. 无糖纯可可粉请按照个人喜好添加，不加可可粉就是原味。

f. 若烤箱不够大，建议将分量减半制作。

g. 无糖纯可可粉请选择低脂的，以免蛋白霜消泡。

Cream Cheese Cookies

乳酪挤花酥饼

忙里偷闲的日子，什么事都暂时放下，穿个轻松，出门走走吧！

散心不一定要走远，公园、校园处处都是我的秘密基地。春天的椰林大道带着微微凉意，好舒服！幽静的校园，处处充满历史轨迹，满树都开着白色小花，犹如白雪覆盖。走累了，校园中有各式各样的餐厅可以歇歇脚，还有现做可口松饼的咖啡屋。校园中，纪念已故校长傅斯年的"傅钟"固定敲21响，来由是傅斯年说过一句脍炙人口的名言："一天只有21小时，剩下的3小时是用来沉思的。"带本书，坐在清幽的醉月湖畔，会让人忘记时间，舍不得离开。

买了一条奶油乳酪就必须尽快使用，因为奶油乳酪不适合冷冻，开封后放入冰箱冷藏也只能保存1个月左右。这一段时间尽可能多地做一些乳酪甜点，集中火力在短时间内使用完毕。若希望成品可以有比较长的保存时间，香浓的乳酪饼干很适合。

Baking Points

🕐 分量：约20片（直径4cm）

🍱 烘烤温度：180℃

⏲ 烘烤时间：16～18min

✿ 材 料

无盐奶油20g 奶油乳酪60g
细砂糖60g 盐1/8小匙
鸡蛋1个 朗姆酒2小匙
低筋面粉100g 玉米淀粉20g
果酱适量（表面装饰）

◎ 准备工作

1. 将材料称量好，鸡蛋回温。

2. 将无盐奶油及奶油乳酪从冰箱中取出，等稍微回软至手指按压可出现明显的压痕后，切成小丁。〔图1〕

3. 将低筋面粉和玉米淀粉用过滤筛网过筛。〔图2〕

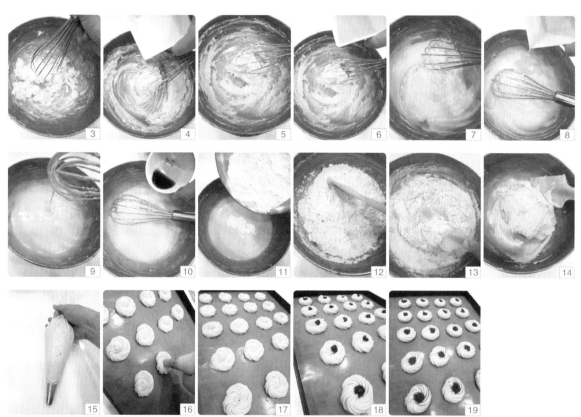

◎ 做法

1. 将无盐奶油和奶油乳酪用打蛋器打成乳霜状。〔图3〕

2. 加入细砂糖及盐继续搅拌2～3min，成为提起时尾端挺立的奶油霜。〔图4、图5〕

3. 将全蛋液分五六次加入搅拌均匀。〔图6～图9〕

4. 再将朗姆酒加入混合均匀。〔图10〕

5. 将过筛的粉类分两次加入，用刮刀以切拌的方式混合成均匀的面糊（不要过度搅拌，以免面粉产生筋性，影响口感）。〔图11～图14〕

6. 将面糊装入挤花袋中，使用0.5cm的星形挤花嘴。〔图15〕

7. 烤盘上铺上防粘烤焙布，在防粘烤焙布上间隔整齐地挤出圈状面糊。〔图16、图17〕

8. 在面糊中央放上适量果酱。〔图18〕

9. 放入已经预热至180℃的烤箱中，烘烤16～18min，再焖到凉后取出即可（中间烤盘可以调头一次，使饼干上色均匀）。〔图19〕

Chocolate Egg White Cookies

巧克力蛋白杏仁脆饼

到松山车站附近办事，天气好，临时决定顺便转到五分埔逛逛。五分埔是台北最大的平价成衣批发集散地，在宛如蜘蛛网般的巷弄中有超过1000家服饰店，各式各样的衣服都可以在这里找到。除了大宗批发，少量零售也没问题。

除了普通衣服以外，也有包包、鞋子、首饰、舞衣等，让人逛得眼花缭乱。这里当季流行的服饰很多，价格便宜，一定不会让人空手面归。

有机会到台北，别忘了到松山五分埔寻宝！

薄脆的蛋白饼干总是家中抢手的点心，巧克力、杏仁香得让人一片接一片！

Baking Points

分量：约50片（直径3cm）

烘烤温度：160℃→140℃

烘烤时间：15min→10min

材 料

无盐奶油100g 糖粉60g

蛋白130g（约4个蛋白） 低筋面粉80g

无糖纯可可粉15g 杏仁粉20g

◎ 准备工作

1. 将材料称量好，蛋白回温。
2. 将无盐奶油从冰箱中取出，稍微回软至手指按压可出现明显的压痕后，切成小丁。〔图1〕
3. 将低筋面粉和无糖纯可可粉用过滤筛网过筛。〔图2〕

Carol's Memo

蛋白液务必分多次加入，以免油水分离导致口感变差。

◎ 做法

1. 将无盐奶油用打蛋器打成乳霜状。〔图3〕
2. 加入糖粉继续搅拌2~3min，成为提起时尾端挺立的奶油霜。〔图4~图6〕
3. 将蛋白液分五六次加入搅拌均匀。〔图7〕
4. 将所有粉类分两次加入，用刮刀以切拌的方式混合成均匀的面糊（不要过度搅拌，以免面粉产生筋性，影响口感）。〔图8~图10〕
5. 将面糊装入挤花袋中，使用0.5cm的圆形挤花嘴。〔图11、图12〕
6. 在烤盘上铺上防粘烤焙布，在防粘烤焙布上间隔整齐地挤出直径约2cm的球状。〔图13、图14〕
7. 放入已经预热至160℃的烤箱中烘烤15min，然后将温度调整到140℃再烘烤10min，焖到凉后取出即可（中间烤盘可以调头一次，使饼干上色均匀）。〔图15〕

Ground Seaweed Egg White Cookies

海苔蛋白小酥饼

这一阵子台北的天气不冷不热，出门不再汗流浃背，是我最喜欢的季节。我又可以一身轻便到校园散步，逛逛书店，找寻巷弄味美怀旧的私房料理。

一晃眼，暑假结束，日子就这么不知不觉地飞快流逝，好多事想做，好多事还来不及做。时间有限，人生有尽头，在拥有的时候更要好好珍惜一分一秒。

天气好心情也好，烤一盘酥脆的蛋白小酥饼全家都喜欢。海苔粉的特殊香气，为这款饼干添加了独特的美妙滋味！

Baking Points

分量：约80片（直径2.5cm）

烘烤温度：160℃→140℃

烘烤时间：15min→5min

✿ 材 料

无盐奶油65g　糖粉40g
蛋白100g（约3个蛋白）　香草酒1/2小匙
低筋面粉65g　海苔粉1/2大匙
海苔粉适量（表面装饰）

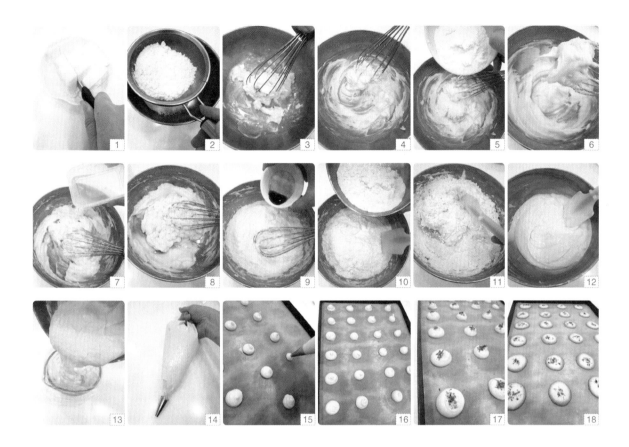

☺ 准备工作

1. 将材料称量好，无盐奶油回复室温，切成小块（奶油不要回温到太软的状态，只要手指按压有痕迹即可）。〔图1〕
2. 将低筋面粉用过滤筛网过筛。〔图2〕

☺ 做法

1. 将无盐奶油用打蛋器打成乳霜状。〔图3、图4〕
2. 加入糖粉继续搅拌1～2min，成为提起时尾端挺立的奶油霜。〔图5、图6〕
3. 将蛋白液分五六次加入搅拌均匀（每一次都要确实混合均匀后再加下一次）。〔图7、图8〕
4. 再将香草酒加入搅拌均匀。〔图9〕
5. 将过筛的低筋面粉与海苔粉分两次加入，用刮刀以切拌的方式混合成均匀的面糊（不要过度搅拌，以免面粉产生筋性，影响口感）。〔图10～图12〕
6. 将面糊装入挤花袋中，使用0.5cm的圆形挤花嘴。〔图13、图14〕
7. 在烤盘上铺上防粘烤焙布，在防粘烤焙布上间隔整齐地挤出直径约1.5cm的球状。〔图15、图16〕
8. 在球状面糊表面均匀撒上些许海苔粉。〔图17〕
9. 放入已经预热至160℃的烤箱中烘烤15min，然后将温度调整到140℃再烘烤5min，焖到凉后取出（中间烤盘可以调头一次，使饼干上色均匀）。〔图18〕
10. 一放凉马上密封保存，以免回软。

Carol's Memo

蛋白液务必分多次加入，以免奶油油水分离导致口感变差。

Chocolate Cookies

巧克力酥饼

每一次签书会或是到学学文创上烘焙课，我的身边都有老公的身影。他为了我，必须牺牲自己的假日或暂时放下手边的工作，负责接送我，帮我带大包小包的材料及用具，帮我拍下活动的花絮照片，关键时刻会细心地提醒我要注意时间和温度。更重要的是，有他在我身边，胆小又迷糊的我才能心无旁骛地完成一场又一场的活动。对我喜欢做的事，他总是100%鼓励，默默地在一旁支持，让我的梦想可以将幸福传递。

口感酥松的小饼干，让你吃上一口就感到一阵惊喜，最特别的一点是，制作材料简单，步骤容易，随时想吃都可以迅速解馋。做点心就是这么有趣的事，不同的材料组合起来就能变化出一份令人喜悦的美食。

Baking Points

🥄 分量: 约16个

📦 烘烤温度: 150℃

⏲ 烘烤时间: 16～18min

🌀 准备工作

1. 将所有材料称量好。

2. 将低筋面粉和太白粉用过滤筛网过筛。〔图1〕

🌀 材 料

巧克力砖100g 低筋面粉20g
太白粉20g

🌀 做法

1. 将巧克力砖切碎,用50℃的温水隔水加热熔化成液体。〔图2〕

2. 加入粉类混合均匀。〔图3～图5〕

3. 将面糊装入挤花袋中,使用1cm的星形挤花嘴。〔图6〕

4. 在烤盘上间隔整齐地挤出花形面糊。〔图7〕

5. 放入已经预热至150℃的烤箱中,烘烤16～18min至饼干脆硬即可。〔图8、图9〕

6. 完全凉透后密封保存。

Egg Yolk Cookies

植物油蛋黄酥饼

台北的雨势终于缓和下来，虽然依旧低温寒冷，不过总算可以出门透透气了，顺便买一些年货。按惯例，过年需要的一些食材及零食点心，我习惯到迪化街一口气买齐。看到街上满满堆放的食材及其他商品，可以感受到过年的气氛。

台北的老市集带有浓浓的古味，还有好多古早味可以享用。吃饱喝足，满载而归。

这一款用植物油做的挤花酥饼，因为其中添加了蛋黄及没有筋性的太白粉，所以口感酥松而且味道浓郁，一定要试试！

Baking Points

🍽 分量：约24片（直径3cm）

🍞 烘烤温度：170℃

⏱ 烘烤时间：16～18min

❀ 材 料

植物油40g 细砂糖45g
蛋黄1个 牛奶45g
太白粉30g 低筋面粉100g
香草酒1/4小匙

❀ 准备工作

1. 将材料称量好。
2. 将低筋面粉用过滤筛网过筛。〔图1〕

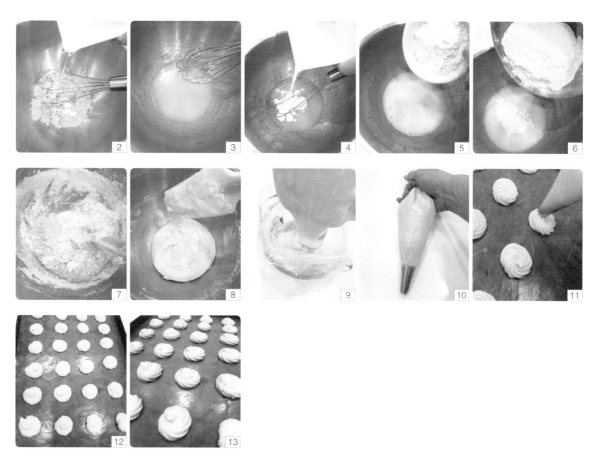

❀ 做法

1. 依次将植物油及细砂糖加入蛋黄中混合均匀。〔图2、图3〕
2. 加入牛奶、香草酒及太白粉混合均匀。〔图4、图5〕
3. 将过筛的低筋面粉分两次加入，用刮刀以切拌的方式混合成均匀的面糊（不要过度搅拌，以免面粉产生筋性，影响口感）。〔图6~图8〕
4. 将面糊装入挤花袋中，使用0.5cm的星形挤花嘴。〔图9、图10〕
5. 在烤盘上铺上防粘烤焙布，在防粘烤焙布上间隔整齐地挤出圈状面糊。〔图11〕
6. 放入已经预热至170℃的烤箱中，烘烤16~18min至表面上色，再焖到凉后取出（中间烤盘可以调头一次，使饼干上色均匀）。〔图12、图13〕
7. 完全凉透后请密封保存。

Dacquoise

巧克力达克瓦兹

　　小窝中难得有好朋友来访，准备了几道家常料理招待。手中接过喜帖，感受到他们两人的喜悦。祝福我的朋友永远甜蜜快乐！

　　这是与马卡龙使用同样的材料做成的小西点，但是口感及甜度却完全不同，也是我们家常常出现的一款简单又受欢迎的点心。只要冰箱里有多余的蛋白，花30分钟时间就可以完成。膨松的饼干口感不甜不腻，吃了还想再吃一口。如果不想太花心思烘烤马卡龙，试试这款系出同门的法式点心，保证会爱不释手！

Baking Points

🍳 分量：约12组

🍰 烘烤温度：180℃→150℃

⏲ 烘烤时间：10min→10min

⚙ **材 料**

A. 巧克力面糊

a. 低筋面粉5g 无糖纯可可粉5g
　　杏仁粉30g 糖粉15g

b. 蛋白65g（2个蛋白） 细砂糖25g

B. 巧克力酱夹馅
　　巧克力块50g
　　动物性鲜奶油25mL
　　（夹馅请参考43页巧克力酱的做法）

◎ 准备工作

1. 将所有材料称量好。
2. 将低筋面粉与无糖纯可可粉用过滤筛网过筛。（图1）

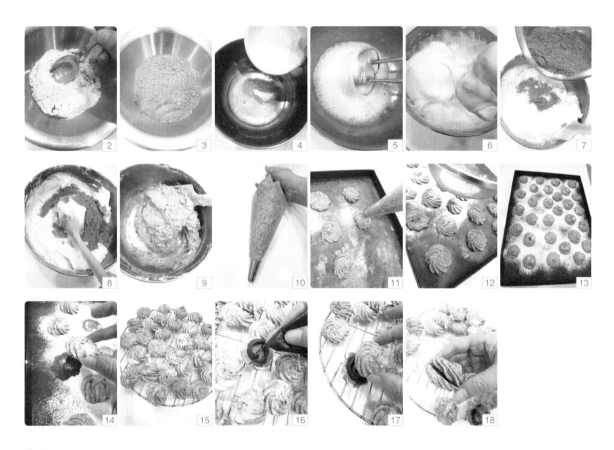

◎ 做法

1. 将低筋面粉、无糖纯可可粉、杏仁粉与糖粉混合均匀。（图2、图3）
2. 蛋白中加入1/2分量的细砂糖，用中速搅打。（图4、图5）
3. 泡沫开始变细致时，加入剩下的细砂糖，速度可以调整为高速，将蛋白打到拿起打蛋器时尾端挺立的状态即可（8～10min）。（图6）
4. 将混合均匀的粉类分成两次加入，与蛋白霜混合均匀。（图7～图9）
5. 将面糊装入挤花袋中，使用1cm的星形挤花嘴。（图10）
6. 在烤盘上铺上防粘烤焙布，间隔整齐地挤出直径约3cm的星形面糊。（图11）
7. 表面筛上一层糖粉。（图12）
8. 放入已经预热至180℃的烤箱中烘烤10min，然后将温度调成150℃，再烘烤10min即可。（图13）
9. 完全凉透后将饼干从防粘烤焙布上取下，夹上适量的巧克力酱即可。（图14～图18）

Carol's Memo

将无糖纯可可粉改为低筋面粉即为原味。

黄豆粉马卡龙

马卡龙是很多朋友希望挑战的甜点，但是这个小甜饼不是那么好制作的，成品出炉常常让人失望。首先要确认买的杏仁粉是否正确。这里使用的杏仁粉，并不是中式冲泡饮品的南北杏仁做的杏仁粉，不会有任何特殊的味道，而且一般超市不会出售，必须到烘焙材料店的特别专门店才买得到。

再就是混合蛋白霜的过程，必须将蛋白霜和杏仁黄豆糖粉充分混合，将蛋白霜中的大气泡刮压至细致，使面糊可呈倒三角形缓慢流下时才行。最后，烘烤过程及温度也必须经过多次尝试。面糊表面要先焖至干燥定型，再次烘烤时才不会产生皱皮或破裂，底部的糖浆才会溢流，达到出现蕾丝裙边的效果。多尝试，仔细记录，梦幻甜点也可以从自家烤箱中完美出炉！

Baking Points

 分量： 夹馅后约18个

 烘烤温度：

200℃→140℃→120℃→余温

 烘烤时间：

6min→2.5～3min→12min→

6～10min

❀ 材 料

A. 黄豆杏仁蛋白饼

a. 蛋白45g 细砂糖50g

b. 熟黄豆粉15g 杏仁粉50g
糖粉60g

B. 黄豆奶油夹馅

无盐奶油30g 糖粉5g
熟黄豆粉1大匙

❀ 准备工作

1. 准备一张白纸，在纸上画出直径3cm、间隔整齐的圆形图案，放在防粘烤焙布底下当作挤花依据（烤盘上务必铺上防粘烤焙布）。（图1、图2）

2. 糖粉若有结块请过筛。

3. 使用室温中的鸡蛋，将蛋白小心地与蛋黄分开，蛋白取45g。（图3）

4. 杏仁粉从冰箱中取出，将结粒部分压散。

5. 将材料b的糖粉与熟黄豆粉加入杏仁粉中混合均匀。（图4、图5）

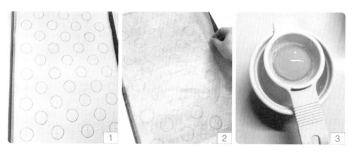

❀ 做法

A 制作黄豆杏仁蛋白饼

1. 将蛋白用电动打蛋器中速打出泡沫，然后加入1/2分量的细砂糖中速搅打。（图6）

2. 泡沫开始变细致时将剩下的细砂糖加入，速度可以调整为高速，将蛋白打到拿起打蛋器时尾端挺立的状态即可（整个打发过程为8～10min）。（图7）

3. 将混合均匀的杏仁黄豆糖粉分两次加入，与蛋白霜混合均匀。〔图8〕

4. 以橡皮刮刀与盆底摩擦的方式搅拌，使面糊光滑发亮（此步骤很重要，将蛋白霜中的大气泡压出，烘烤的时候表面才不会裂开）。〔图9〕

5. 搅拌好的面糊提起时会缓慢流动并且滴落下来，有明显的折叠痕迹（到此程度就代表搅拌结束，不可以搅拌过久）。〔图10〕

6. 使用0.5cm的圆形挤花嘴。挤花袋先用夹子夹住，套入宽口杯子中，周围的袋子部分折下来。

7. 将面糊装入挤花袋中。〔图11〕

8. 将画好圆圈的白纸垫在防粘烤焙布下方，挤的时候中心固定，慢慢挤出整齐的圆形面糊（挤好后，小心地将底部的白纸抽离）。〔图12〕

9. 用牙签将面糊表面的大气泡小心扎破。

10. 挤好的面糊在室温下稍微放置15～20min，让面糊自然摊圆。〔图13〕

11. 将烤箱预热至200℃，将烤盘放入后马上关火，烤箱门夹两个厚手套焖6min。〔图14〕

12. 焖好后直接将烤箱门关上，烤箱打开，温度调整为140℃。

13. 看到面糊开始膨胀（2.5～3min）并出现"裙边"后，马上将温度调整为120℃，烘烤12min。

14. 最后将烤箱关掉，用余温焖6～10min后取出（焖的时间不够的话底部会湿黏，焖太久的话整体会过干，请按照自家烤箱及成品的实际情况适当调整）。〔图15〕

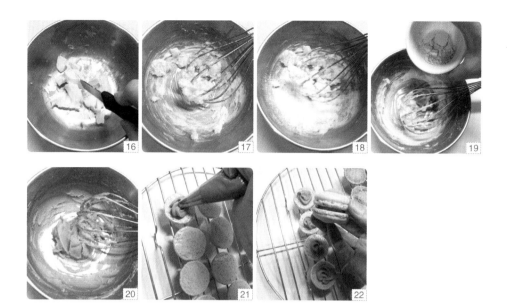

15. 将烤好的黄豆杏仁蛋白饼放在烤盘中凉凉。

16. 若要继续烤下一盘，温度一样预热至200℃，再将烤盘放进烤箱。

17. 做好放凉的黄豆杏仁蛋白饼放入密封罐或冰箱冷藏保存。

B 制作黄豆奶油夹馅

18. 将无盐奶油切成小块。〔图16〕

19. 用打蛋器搅打成乳霜状。〔图17〕

20. 加入糖粉混合均匀。〔图18〕

21. 最后加入熟黄豆粉混合均匀即可。〔图19、图20〕

C 组合

22. 将黄豆奶油夹馅装入小挤花袋中。〔图21〕

23. 将已经放凉的黄豆杏仁蛋白饼大小适合地搭配在一起。

24. 将黄豆奶油夹馅适量地挤入，夹起即可。〔图22〕

Carol's Memo

a. 烘烤时间与温度请按照自家烤箱的实际情况调整。

b. 请注意，糖减少容易造成"裙边"无法形成。

巧克力马卡龙

写博客已经6年多了，这一路上有太多太多的朋友在这里驻足停留。有些博友从念书开始就认识，一直陪伴着我到她们结婚、做妈妈。时间虽然改变了我们的生活、环境，但不变的是一直存在的情谊。

更多的博友在这里遇到了相同兴趣的人，也互相串联出珍贵的感情。滋味与人情味交叠在一起，食物不再只是"吃"这么简单的事。

食谱中藏着密码，等你来开启！

Baking Points

分量：夹馅后约12个

烘烤温度：200℃→140℃→120℃→余温

烘烤时间：6min→2.5～3min→12min
→6～10min

❀ 材 料

A. 巧克力杏仁蛋白饼

a. 蛋白35g（约1个蛋白） 细砂糖35g

b. 杏仁粉45g 糖粉45g 无糖纯可可粉5g

B. 巧克力夹馅

a. 牛奶巧克力60g 动物性鲜奶油15g

b. 无盐奶油100g 糖粉20g
（夹馅请参考43页巧克力酱的做法）

⚙ 准备工作

1. 使用室温下的鸡蛋，将蛋白小心地与蛋黄分开。

2. 准备一张白纸，在纸上画出直径3cm、间隔整齐的圆形图案，放在防粘烤焙布底下当作挤花依据（烤盘上务必铺上防粘烤焙布）。（图1、图2）

3. 将无糖纯可可粉过筛，糖粉若有结块也请过筛。（图3）

4. 将杏仁粉从冰箱中取出，将结粒部分压散。

5. 将糖粉与无糖纯可可粉加入杏仁粉中混合均匀。（图4、图5）

⚙ 做法

1. 将蛋白用电动打蛋器中速打出泡沫，然后加入1/2分量的细砂糖中速搅打。（图6、图7）

2. 泡沫开始变细致时，将剩下的细砂糖加入，速度可以调整为高速，将蛋白打到拿起打蛋器时尾端挺立的状态即可（整个打发过程8~10min）。（图8、图9）

3. 将混合均匀的杏仁可可糖粉分两次加入，与蛋白霜混合均匀。（图10~图12）

4. 以橡皮刮刀与盆底摩擦的方式搅拌，使面糊光滑发亮（此步骤很重要，将蛋白霜中的大气泡压出，烘烤的时候表面才不会裂开）。（图13、图14）

5. 搅拌好的面糊提起时会缓慢流动并且滴落下来，有明显的折叠痕迹（到此程度就代表搅拌结束，不可以搅拌过久）。（图15）

6. 将面糊装入挤花袋中。（图16）

7. 将画好圆圈的白纸垫在防粘烤焙布下方，挤的时候中心固定，慢慢挤出整齐的圆形面糊（挤好后，小心地将底部的白纸抽离）。（图17、图18）

8. 用牙签将面糊表面的大气泡小心扎破。（图19）

9. 挤好的面糊在室温下稍微放置15～20min，让面糊自然摊圆。（图20）

10. 将烤箱预热至200℃，将烤盘放入后马上关火，烤箱门夹两个厚手套焖6min。（图21）

11. 焖好后直接将烤箱门关上，烤箱打开，温度调整为140℃。

12. 看到面糊开始膨胀（2.5～3min）并出现"裙边"后，马上将温度调整为120℃，烘烤12min。

13. 最后将烤箱关掉，用余温焖6～10min后取出。

14. 让烤好的巧克力杏仁蛋白饼在烤盘中放凉。（图22）

15. 若要继续烤下一盘，温度一样预热至200℃，再将烤盘放进烤箱，重复步骤10～14。

16. 做好放凉的巧克力杏仁蛋白饼放入密封罐或冰箱冷藏保存。

17. 将巧克力夹馅装入小挤花袋中，前方尖角处剪一个小孔。

18. 将已经放凉的巧克力杏仁蛋白饼大小适合地搭配在一起。（图23）

19. 将巧克力夹馅适量地挤入，夹起即可。（图24～图27）

Carol's Memo

烘烤时间与温度请按照自家烤箱的实际情况调整。

Part3 蛋糕

磅蛋糕
Cake

- 白兰地果干磅蛋糕 Dry Fruit Pound Cake
- 橄榄油磅蛋糕 Olive Oil Fruit Pound Cake
- 奶油苹果磅蛋糕 Apple Pound Cake
- 超湿润布朗尼 Chocolate Brownie
- 超浓巧克力蛋糕 Chocolate Cake
- 蛋白柠檬小蛋糕 Lemon Egg White Pound Cake
- 费南雪 Financier
- 软心巧克力蛋糕 Fondant au Chocolat
- 玛德莲 Madeleine

白兰地果干磅蛋糕

天气凉凉的，晚上都要盖被子了。我特别喜欢这样的温度，抱着棉被一夜好眠。

空气中带着凉意，好想吃点浓郁的点心，马来西亚的博友Lim PS提议的水果蛋糕就是我的首选。冰箱中的果干全部翻出来，再用陈年的白兰地浸泡一星期，还没吃就有了醉意。

带着浓郁酒香的果干蛋糕，这是属于大人的美味。

Baking Points

🍳 分量：**1个**（8cm×17cm×6cm的长方形烤模）

🍰 烘烤温度：**160℃**

⏱ 烘烤时间：**50min**

❀ 材 料

A. 白兰地蜜渍水果干

杏干、黑枣干、无花果干、青葡萄干、
黑葡萄干、木瓜干共120g
白兰地50mL（图A）

B. 白兰地果干磅蛋糕

白兰地蜜渍水果干全部　鸡蛋2个（约110g）
细砂糖90g　无盐奶油100g　低筋面粉100g
（图B）

A　　　　　　B

❀ 准备工作

1. 将无盐奶油放置在室温中软化，到手指按压有明显的痕迹后，切成小丁。〔图1、图2〕

2. 将低筋面粉用过滤筛网过筛。〔图3〕

3. 烤模中事先铺上一层烤焙纸。〔图4〕

4. 找一个比搅拌用钢盆稍微大一些的钢盆，装上水煮至50℃。

5. 将比较大的水果干切成与葡萄干差不多的大小。〔图5〕

❀ 做法

A 制作白兰地蜜渍水果干

1. 将水果干放入干净的玻璃瓶中，加入白兰地混合均匀。〔图6〕

2. 密封放置7~10天。〔图7〕

B 制作白兰地果干磅蛋糕

3. 将完全回复室温的鸡蛋与细砂糖放入钢盆中。〔图8〕

4. 将钢盆放在已经煮至50℃的热水中隔水加热。〔图9〕

5. 用手提式电动打蛋器将鸡蛋与细砂糖打散，并用高速搅打。〔图10、图11〕

6. 打到蛋糕膨松，打蛋器提起时滴落下来的蛋糕有非常清楚的折叠痕迹即可（全过程8～10min）。〔图12〕

7. 将奶油丁倒入打发的蛋糕中，搅拌均匀（约1min，混合至没有奶油粒即可）。〔图13、图14〕

8. 然后将已经过筛的低筋面粉分两次加入，搅拌均匀。〔图15、图16〕

9. 最后加入白兰地蜜渍水果干，用刮刀以切拌的方式混合均匀。〔图17、图18〕

10. 将完成的面糊倒入烤模中。〔图19〕

11. 用刮刀把面糊抹平整。〔图20〕

12. 放进已经预热至160℃的烤箱中，烘烤到15min
    的时候拿出来，用一把刀在蛋糕中央划一条线，
    再放回烤箱中继续烘烤35min（用刀划一下中间
    蛋糕才会膨胀得很漂亮，有一道自然的裂口）。

13. 烘烤时间到时，用竹签插入蛋糕中央，若不湿黏
    即可取出。〔图21〕

14. 将蛋糕倒出，放到铁网架上，表面刷上一层白兰
    地。〔图22〕

15. 罩上一层保鲜膜避免干燥，放凉。〔图23〕

16. 完全凉透后把烤焙纸撕开，放入塑料袋密封，室
    温可保存5～6天（隔天吃滋味更佳）。〔图24、
    图25〕

 Carol's Memo

a. 水果干可以按照个人喜好选择。

b. 白兰地可以用朗姆酒或君度橙酒代替。

c. 不喝酒的人可以用柳橙汁代替白兰地，但浸泡
   时请放入冰箱冷藏。

d. 如果烤模中不铺烤焙纸，烤模请事先刷上一层
   无盐奶油，再撒上一层低筋面粉避免黏结。

e. 烘烤过程中若觉得蛋糕上色太深，请在蛋糕表
   面铺一张铝箔纸。

f. 无盐奶油务必回软，加入打发的蛋糕中才能快
   速地混合均匀。

Olive Oil Fruit Pound Cake

橄榄油磅蛋糕

假日里，我不太喜欢出门跟着人潮凑热闹，不过台北的假日花市却是我经常去的一个场所。在都市中也可以享受缤纷花朵与芬多精，顺便给小露台带些适合栽种的香草植物。

轻轻松松，不走远，牛仔裤加人字拖，假日花市就能让我消磨大半天时光。回程拎着我的战利品，小露台又添新气象。

磅蛋糕虽然不似戚风蛋糕或海绵蛋糕松软，但组织细腻、滋味丰富，多放几天味道更均匀，一小片就回味无穷。多种水果干用朗姆酒浸泡入味，香气十足。还特别将其中的奶油改为了零胆固醇的橄榄油，让担心乳脂肪的人也能够放心享受。

Baking Points

 分量：**1个**（8cm×17cm×6cm的长方形烤模）

 烘烤温度：**160℃**

 烘烤时间：**50min**

❀ 材 料

A. 朗姆酒蜜渍水果干

　　杏干、黑枣干、无花果干、青葡萄干、
　　黑葡萄干共120g　朗姆酒50mL

B. 橄榄油磅蛋糕

　　朗姆酒蜜渍水果干全部　鸡蛋2个　细砂糖90g
　　低筋面粉100g　橄榄油60g

1. 将低筋面粉用过滤筛网过筛。（图1）
2. 烤模中事先铺上一层烤焙纸。（图2）
3. 将比较大的水果干切成与葡萄干差不多的大小。（图3）
4. 找一个比搅拌用钢盆稍微大一些的钢盆，装上水煮至50℃。

❀ 做法

A 制作朗姆酒蜜渍水果干

1. 将水果干放入干净的玻璃瓶中，加入朗姆酒混合均匀。
2. 密封放置7~10天。

B 制作橄榄油磅蛋糕

3. 将完全回复室温的鸡蛋与细砂糖放入钢盆中，用手提式电动打蛋器将鸡蛋与细砂糖打散，并搅拌均匀。（图4、图5）。
4. 将钢盆放在已经煮至50℃的热水中，隔水加热。（图6）
5. 用高速将全蛋液打发。（图7、图8）
6. 打到蛋糊膨松，拿起打蛋器时滴落下来的蛋糊有非常清楚的折叠痕迹即可（全过程8~10min）。（图9、图10）

7. 将已经过筛的低筋面粉加入搅拌均匀。（图11～图13）

8. 将橄榄油加入面糊中，快速搅拌均匀。（图14、图15）

9. 最后加入朗姆酒蜜渍水果干，用刮刀混合均匀。（图16、图17）

10. 将完成的面糊倒入烤模中。（图18）

11. 放进已经预热至160℃的烤箱中，烘烤到15min的时候拿出来，用一把刀在蛋糕中央划一条线，再继续烘烤35min（用刀划一下中间蛋糕才会膨胀得很漂亮，有一道自然的裂口）。（图19）

12. 烘烤时间到时，用竹签插入蛋糕，若不湿黏即可取出。（图20）

13. 将蛋糕倒出，放到铁网架上，表面刷上一层朗姆酒。

14. 罩上一层保鲜膜避免干燥，放凉。（图21）

15. 完全凉透后把烤焙纸撕开，放入塑料袋密封，室温保存。（图22、图23）

Carol's Memo

a. 水果干可以按照个人喜好选择。

b. 朗姆酒可以用白兰地或君度橙酒代替。

c. 不喝酒的人可以用柳橙汁代替朗姆酒，但浸泡时请放入冰箱冷藏。

d. 如果烤模中不铺烤焙纸，烤模请事先刷上一层无盐奶油，再撒上一层低筋面粉避免黏结。

e. 烘烤过程中若觉得蛋糕上色太深，请在蛋糕表面铺一张铝箔纸。

Apple Pound Cake
奶油苹果磅蛋糕

　　写博客这么多年，终于第一次将摩天轮大头照换下了。很多人问过我，为什么要用摩天轮做头像。其实我当初在家庭与工作间抉择时非常不安，刚好一家人到美丽华坐摩天轮。我在摩天轮上看到点点的万家灯火，心中一阵感动，忽然下定决心做出了选择。之后，我一直用那张照片提醒自己，已经决定的事就不可以后悔，朝向自己希望的生活前进。

　　这些年当全职的家庭主妇，我体会了与上班完全不同的生活。停下忙碌的脚步，我想多看看这个世界。谢谢一路鼓励我的你们，伸出友谊之手丰富我的主妇生活，点点滴滴我都放在心上。现在的我还是会努力过每一天，不会忘记自己的初衷。要认真做自己有兴趣的事，我希望一直做自己。

　　奶油苹果磅蛋糕看起来就可口、讨人喜欢，加了焦糖苹果后滋味浓郁，苹果的香气围绕，浓浓的幸福感。

Baking Points

🍳 分量：**1个**（6英寸圆形烤模）

🔥 烘烤温度：**160℃**

⏲ 烘烤时间：**40～42min**

❀ 材 料

A. 焦糖苹果馅
　　苹果1个（约140g）　无盐奶油10g
　　细砂糖20g〔图A〕

B. 奶油蛋糕面糊
　　焦糖苹果馅全部　鸡蛋2个（室温）
　　细砂糖80g　无盐奶油100g
　　低筋面粉100g〔图B〕

C. 表面装饰
　　苹果1～2个　白兰地1大匙

A

B

❂ 准备工作

1. 将无盐奶油放置在室温中完全软化，到手指按压会有明显的痕迹后，切成小丁。〔图1〕
2. 将表面装饰用苹果连皮刷洗干净，去核切成薄片，越薄越好（厚0.1～0.2cm）。〔图2〕
3. 将低筋面粉用过滤筛网过筛。〔图3〕
4. 烤模中抹上少许奶油（分量外），铺上一层烤焙纸。〔图4〕
5. 找一个比搅拌用钢盆稍微大一些的钢盆，装上水煮至50℃。〔图5〕

❂ 做法

A 制作焦糖苹果馅

1. 将苹果洗净，去皮去核，切成4等份，再切成片状。〔图6〕
2. 将无盐奶油放入炒锅中熔化，然后将细砂糖均匀撒入奶油中。〔图7〕
3. 一开始不要搅拌，稍微晃动一下锅，用小火使糖熔化（搅拌会使细砂糖结成块状）。〔图8〕
4. 在将细砂糖煮成咖啡色后放入切片的苹果，开中火拌炒2～3min即可。〔图9〕
5. 将炒好的苹果倒入盘中放凉备用。〔图10〕

B 制作奶油蛋糕面糊

6. 将完全回复室温的鸡蛋与细砂糖放入钢盆中，用打蛋器将鸡蛋与细砂糖打散，并用高速搅打。〔图11、图12〕
7. 将钢盆放在已经煮至50℃的热水中，隔水加热，再用高速将全蛋液打发。〔图13、图14〕

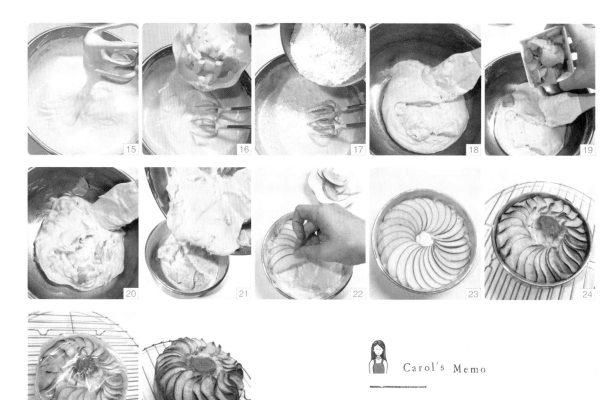

8. 打到蛋糕膨松，拿起打蛋器时滴落下来的蛋糊有非常清楚的折叠痕迹即可（全过程8～10min）。（图15）

9. 将软化的奶油丁倒入打发的蛋糕中，用中速搅拌均匀（此时蛋糕消泡是正常的，搅拌约1min，请不要过度，不然容易使蛋糕过度消泡，混合至没有大块奶油粒即可）。（图16）

10. 然后将已经过筛的低筋面粉分两次加入，用打蛋器中速搅拌均匀。（图17、图18）

11. 最后将焦糖苹果馅加入，用橡皮刮刀混合均匀。（图19、图20）

12. 将完成的面糊倒入烤模中。（图21）

C 组合与烘烤

13. 用刮刀把面糊抹平整。

14. 将苹果薄片如图所示整齐地排在面糊表面（不可排太密，排满若有剩余也不要再放了）。（图22、图23）

15. 放进已经预热至160℃的烤箱中烘烤40～42min。（图24）

16. 烘烤时间到时，用竹签插入蛋糕中央，若不湿黏即可取出。

17. 将蛋糕倒出放到铁网架上，表面刷上一层白兰地。

18. 罩上一层保鲜膜避免干燥，放凉。（图25）

19. 完全凉透后把烤焙纸撕开，放入塑料袋密封，室温可保存5～6天（隔天吃滋味更佳）。（图26）

Carol's Memo

a. 白兰地可以用朗姆酒、橙酒或糖水（糖与水的分量比约为1:1）、蜂蜜水代替。

b. 也可以使用8cm×17cm×6cm的长方形烤模代替6英寸圆形烤模。

c. 鸡蛋不要使用刚从冰箱中取出的。

d. 表面装饰用苹果片务必切薄，铺放也不可以过多，以免压迫面糊影响膨胀。

e. 无盐奶油务必回软，才可以减少加入蛋糕中搅拌的时间。

Chocolate Brownie
超湿润布朗尼

多年前，一个邻居搬家，他们家中饲养的一只花猫却没有带走，就这么被留下。看到它形孤影只地徘徊在老家门口，心里一阵感伤。聪明的它仿佛知道我爱猫，总会来到我家门前要点吃的。我也一直将它当作我的第10只猫，给它基本的温饱。

今年冬天过完，它的状况不太好，食量明显变少。只要一天没有看到它，我和老公都会担心。总算昨天运气好，我们顺利将它抱住，带去给林医师诊疗，希望它赶快恢复健康。动物也是重感情的，少了温暖的家，完整的圆就缺了一个角。养它就要有照顾它一辈子的决心。

试做了博友嘎嘎喜欢的布朗尼，蛋糕组织非常湿润又味道浓郁。添加了咖啡酒，蛋糕带着多层次的口感，喜欢巧克力的朋友可以试试。

Baking Points

 分量: **1个**（18cm×18cm×5cm的方形烤模）

 烘烤温度: **160℃**

 烘烤时间: **30min**

◎ 材 料

牛奶巧克力砖200g　无盐奶油140g

细砂糖50g　盐1/8小匙　鸡蛋2个

卡鲁哇香甜咖啡酒2.5大匙（35mL）

低筋面粉75g　无糖纯可可粉15g

核桃仁100g

◎ 准备工作

1. 将所有材料称量好。

2. 将牛奶巧克力砖切碎。（图1）

3. 无盐奶油回复室温，切成小块。（图2）

4. 将鸡蛋打散。（图3）

5. 将低筋面粉与无糖纯可可粉混合均匀，用过滤筛网仔细过筛。（图4）

6. 在烤模中铺上一张防粘烤焙纸。（图5）

7. 将核桃仁切碎，放入已经预热至150℃的烤箱中，烘烤7～8min后取出放凉。

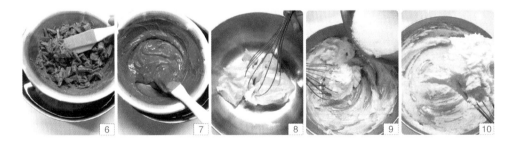

◎ 做法

1. 找一个比搅拌用钢盆稍微大一些的钢盆装上水，煮至50℃。

2. 将装有巧克力碎的钢盆放在已经煮至50℃的水中，用隔水加热的方式加热熔化，然后离开热水。（图6、图7）

3. 将无盐奶油用打蛋器搅拌成乳霜状。（图8）

4. 加入细砂糖及盐，用打蛋器打至整体泛白、提起时尾端挺立的状态（2～3min）。（图9、图10）

5. 将全蛋液分五六次加入，每一次加入都要确实搅拌均匀后再加下一次，以免油水分离。（图11、图12）

6. 将卡鲁哇香甜咖啡酒分三四次加入，每一次加入都要确实搅拌均匀后再加下一次。（图13）

7. 再将巧克力酱加入搅拌均匀。（图14、图15）

8. 将过筛的粉类分两次加入，以切拌的方式混合均匀（不要搅拌过久）。（图16、图17）

9. 最后加入核桃仁碎混合均匀即可。（图18、图19）

10. 将面糊倒入烤模中，表面抹平整。（图20、图21）

11. 放入已经预热至160℃的烤箱中烘烤30min（时间到时用竹签插入蛋糕中心，若不湿黏就可以取出，若湿黏再多烤3~5min）。（图22）

12. 烤好后将蛋糕从烤模中移出，放凉后密封，防止干燥。（图23）

13. 隔天吃口感更佳。吃之前可以撒上糖粉，切成自己喜欢的大小。（图24、图25）

Carol's Memo

a. 卡鲁哇香甜咖啡酒可以用同分量的浓咖啡液或牛奶代替。

b. 牛奶巧克力砖可以用苦甜巧克力代替，另外添加的糖可以自行调整。

c. 烤模大小会影响面糊的厚度，越厚烘烤需要的时间就越多，烘烤时间请视情况增减。

d. 成品不需要放入冰箱冷藏。冷藏后奶油会变硬，影响口感。冷藏后自然回温或用微波炉稍微加热一下就可以恢复。

Chocolate Cake
超浓巧克力蛋糕

从小我就不喜欢自己的单眼皮，同学也常常拿我的小眼睛开玩笑，我心里羡慕别人的双眼皮看起来明亮、有精神，怎么看都漂亮。年龄渐长，我体会到外表不是唯一，充实自己的内在，保持健康开朗的生活态度，一样可以美丽、有自信。现在的我不在意这双小眼睛，努力活出自己，创造有意义的人生才是最重要的！

巧克力蛋糕永远是家中最受欢迎的甜点，其中又以这一款最受家人青睐。它松软绵密，不甜不腻，巧克力味浓到心坎里，不管做了多少次总能轻易讨人欢心。

蛋糕烤好之后顶个可爱的香菇头，模样可爱。手作点心就是这样有趣，每一样成品都是独一无二的，除了美味可口，还蕴藏着料理人的爱！

Baking Points

🥄 分量：1个（6英寸或7英寸烤模）

🍞 烘烤温度：170℃→160℃

⏱ 烘烤时间：15min→25min

❂ 材 料

A. 面糊

蛋黄3个　细砂糖20g　无盐奶油60g　苦甜巧克力块120g
动物性鲜奶油50g　低筋面粉40g　无糖纯可可粉30g

B. 蛋白霜

蛋白3个　柠檬汁1/2小匙（2.5mL）　细砂糖40g

❂ 准备工作

1. 将所有材料称量好。（图1）

2. 将蛋黄与蛋白分开（蛋白不可以沾到蛋黄、水分及油脂）。（图2）

3. 将低筋面粉与无糖纯可可粉用过滤筛网过筛。（图3）

4. 烤模中抹上一层薄薄的无盐奶油，铺上一层烤焙纸。（图4、图5）

5. 将苦甜巧克力块及无盐奶油切碎放入钢盆中。（图6）

6. 找一个比搅拌用钢盆稍微大一些的钢盆装上水，煮至50℃。

7. 将装有巧克力碎的钢盆放在已经煮至50℃的水中，用隔水加热的方式熔化巧克力及无盐奶油（熔化过程需要7~8min，中间稍微搅拌一下会加快速度。若水温变冷，可以再加热到50℃）。（图7~图9）

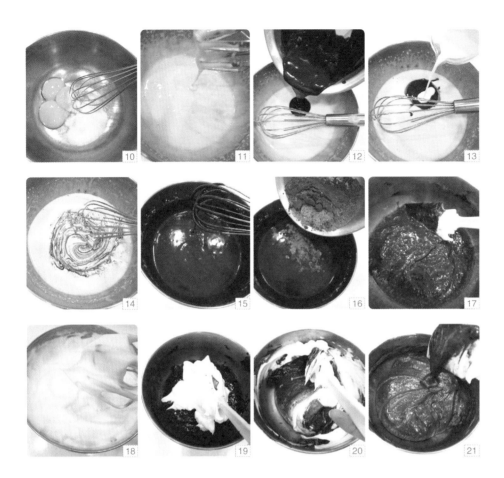

● 做法

1. 将蛋黄与20g细砂糖用打蛋器高速搅打至略微泛白、变浓稠的程度（3～4min）。（图10、图11）

2. 将巧克力酱及动物性鲜奶油加入搅拌均匀。（图12～图15）

3. 将过筛的粉类分两次加入混合，以切拌的方式混合均匀成无粉粒的面糊（搅拌过程尽量快速，以免面粉产生筋性，影响口感）。（图16、图17）

4. 将蛋白先用电动打蛋器打出一些泡沫，然后加入柠檬汁及细砂糖（分两次加入），打成提起时尾端挺立的蛋白霜（干性发泡）。（图18）

5. 舀1/3分量的蛋白霜混入面糊中，搅拌均匀。（图19～图21）

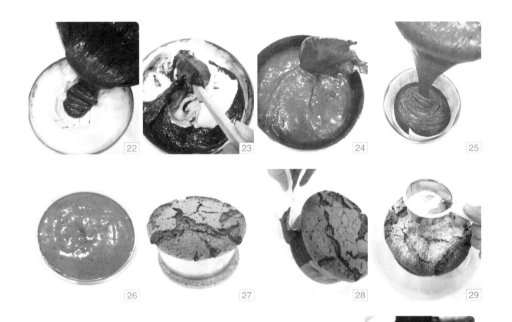

6. 再将拌匀的面糊倒入剩下的蛋白霜中混合均匀。〔图22~图24〕

7. 将搅拌好的面糊从较高处倒入6英寸烤模中。〔图25〕

8. 将面糊表面用橡皮刮刀抹平整。〔图26〕

9. 进烤箱前，将烤模在桌上敲几下，敲出较大的气泡，然后放入已经预热至170℃的烤箱中烘烤15min，再将温度调整为160℃烘烤25min。

10. 烘烤完成后，用竹签插入蛋糕中心，若不湿黏就可以取出，若湿黏再烤2~3min。〔图27〕

11. 烤好后将蛋糕从烤模中取出。

12. 稍微放凉就可以将烤焙纸撕开。〔图28〕

13. 吃之前可以撒上糖粉。〔图29、图30〕

 Carol's Memo

a. 巧克力熔化的温度不要超过50℃，如果熔化的温度太高，巧克力会硬化、失去光泽。

b. 苦甜巧克力块可以用牛奶巧克力代替。

c. 8英寸蛋糕的分量如下：

　A.面糊：苦甜巧克力块200g、无盐奶油100g、蛋黄5个、细砂糖33g、动物性鲜奶油85g、低筋面粉65g、无糖纯可可粉50g

　B.蛋白霜：蛋白5个、柠檬汁1小匙（5mL）、细砂糖65g

　　烘烤温度不变，但烘烤时间延长至50min。

Lemon Egg White Pound Cake
蛋白柠檬小蛋糕

为了做出最好的成品，有时候必须使用蛋白，有时候又只要蛋黄，那多出来的蛋黄或蛋白就必须"寻找出路"。明明是同一个鸡蛋，但蛋白和蛋黄的特性却完全不同，成品也就产生了口感上的差异。

这是利用纯蛋白做的迷你磅蛋糕，蛋白不需要打得太发，是一款操作很容易上手的点心。柠檬充分带出了清香及爽口的酸味，给你好心情！

Baking Points

分量：约8个（7.5cm×3cm的硅胶烤模）

烘烤温度：180℃

烘烤时间：23～25min

● 材 料

低筋面粉100g 细砂糖80g
蛋白100g（约3个蛋白）
无盐奶油100g 柠檬皮屑1/2个的分量
柠檬汁1/2大匙

● 准备工作

1. 将低筋面粉过筛。冷冻蛋白直接切出100g，熔化为液状备用。（图1、图2）

2. 将无盐奶油从冰箱中取出，稍微回软至手指按压可出现明显的压痕后，切成小块。（图3）

3. 将柠檬用磨皮器磨出绿色的表皮皮屑，挤出柠檬汁，取1/2大匙。（图4～图6）

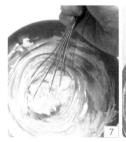   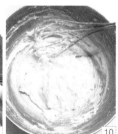 

● 做法

1. 将软化的无盐奶油用打蛋器搅拌成乳霜状。（图7）

2. 加入细砂糖，搅打成提起打蛋器时尾端挺立的状态（2～3min）。（图8）

3. 依次加入柠檬皮屑及柠檬汁混合均匀。（图9～图11）

4. 将蛋白放入干净的钢盆中，用干净的打蛋器打至产生细致的泡沫即可（2～3min）。（图12、图13）

5. 将蛋白霜分两三次加入奶油糊中混合均匀。（图14、图15）

6. 最后将过筛的低筋面粉分两次加入，以切拌的方式混合均匀。（图16、图17）

7. 将面糊装入挤花袋中，使用1cm的挤花嘴。（图18）

8. 将面糊均匀地挤入烤模中。（图19）

9. 在桌上轻敲几下，使面糊中的气泡均匀。（图20、图21）

10. 放入已经预热至180℃的烤箱中烘烤10min，然后取出，用刀在蛋糕中间划一条线。（图22）

11. 再放回烤箱中，继续烘烤13～15min至表面呈金黄色即可。（图23）

12. 从烤箱中取出后马上倒出烤模，在铁网架上放凉。（图24、图25）

Financier
费南雪

　　自从爱上烘焙后，我就再也没有把结婚戒指戴回手上，几乎快忘记了那只白金戒指的存在。收拾抽屉中的杂物时，忽然瞥见它静静地躺在丝绒盒中，感觉有些落寞的模样。将它取出，顺便仔细擦拭一番。两个人相处，不需要任何实质的约束，只要那颗互信互爱的心永远存在，就会将彼此牢牢紧系，即使到天涯海角也无法分开。一路走来20年，7300多个日子，亲爱的，谢谢你！

　　将奶油煮到充满焦香味后加入面糊中，味道层次更丰富，口感柔和，最适合恋爱中的你！

Baking Points

分量：约8个（心形玛德莲烤模）

烘烤温度：170℃

烘烤时间：17~18min

❀ 材 料

无盐奶油60g 糖粉40g 蜂蜜2小匙
蛋白66g（约2个蛋白） 大杏仁粉45g
低筋面粉30g

❀ 准备工作

1. 将低筋面粉过筛，无盐奶油回复室温后切成小块。（图1、图2）
2. 烤模中涂抹上一层薄薄的奶油，撒上一层薄薄的低筋面粉，多余的面粉倒出。（图3~图5）

   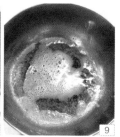

❀ 做法

1. 将无盐奶油放入锅中小火加热。（图6）
2. 煮至无盐奶油冒泡且变成褐色后关火放凉。（图7~图9）

3. 用细目过滤筛网将焦香奶油过筛。（图10、图11）

4. 将糖粉及蜂蜜倒入蛋白中搅拌均匀。（图12～图15）

5. 加入大杏仁粉搅拌均匀。（图16、图17）

6. 将过筛的低筋面粉分两次加入，用刮刀以切拌的方式混合均匀。（图18～图20）

7. 最后将焦香奶油分两次加入，用刮刀以切拌的方式混合均匀。（图21～图24）

8. 将面糊均匀地填入烤模中。（图25）

9. 在桌上轻敲几下，使面糊中的气泡均匀。

10. 放入已经预热至170℃的烤箱中烘烤17～18min，至表面呈金黄色即可。
（图26）

11. 从烤箱中取出后马上将蛋糕倒出烤模，在铁网架上放凉。（图27、图28）

Carol's Memo

心形玛德莲烤模可以用
玛德莲贝壳烤模或费南
雪金砖烤模等浅烤模代
替。

Fondant au Chocolat

软心巧克力蛋糕

　　第一次吃到这个蛋糕时真的好兴奋，一叉子下去，从蛋糕中心流出浓浓的巧克力酱，味觉与视觉都达到了极佳的效果。据传这个蛋糕完全是某家餐厅因为时间没有控制好而造成的失误，服务人员将蛋糕端上桌后才发现蛋糕中心竟然没有烤透，但是没想到却大受客人好评，这个意外的错误成就了这款美好的甜点。烘烤之前，先放入冰箱冷藏15min是不失败的关键。外层烤好但是不烤透，使一个蛋糕可以同时产生两种口感。

Baking Points

分量：**3个**（3英寸布丁模）

烘烤温度：170℃

烘烤时间：10～12min

🌸 材 料

鸡蛋1个　细砂糖15g　巧克力砖50g
无盐奶油40g　低筋面粉18g　无糖纯可可粉5g

● 准备工作

1. 将所有材料称量好，鸡蛋用50℃的温水浸泡5min至温热。
2. 布丁模中涂抹一层无盐奶油（分量外），撒上一层细砂糖（分量外）。（图1、图2）
3. 将低筋面粉与无糖纯可可粉用过滤筛网过筛。（图3）
4. 将巧克力砖及无盐奶油切成小丁，用50℃的温水隔水加热熔化成液体。（图4、图5）

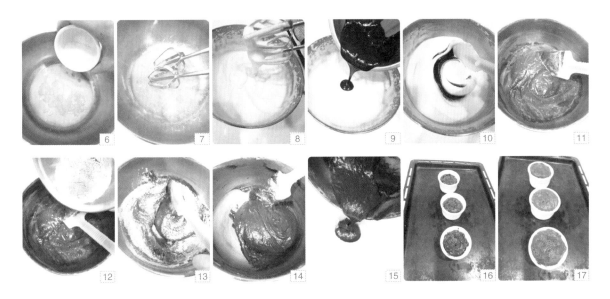

● 做法

1. 将鸡蛋与细砂糖放入钢盆中。（图6）
2. 一开始用电动打蛋器低速将鸡蛋与细砂糖打散并混合均匀。（图7）
3. 然后高速将蛋液打到起泡并且膨松的程度（8～10min）。
4. 打到蛋糊膨松，拿起打蛋器时滴落下来的蛋糊有非常清楚的折叠痕迹即可。（图8）
5. 将巧克力酱倒入混合均匀。（图9～图11）
6. 然后将已经过筛的粉类分两次加入，以切拌的方式混合均匀（不要过度搅拌，以免面粉产生筋性，影响口感）。（图12～图14）
7. 将面糊均匀倒入烤模中。（图15）
8. 放入冰箱冷藏15min。
9. 从冰箱中取出后，马上放入已经预热至170℃的烤箱中烘烤10～12min。（图16、图17）
10. 将蛋糕倒出烤模，撒上适量糖粉，趁热食用。

Madeleine

玛德莲

在这个世界寻寻觅觅，为什么彼此可以成为对方的唯一？一辈子的喜怒哀乐都是与身边的他共度。父母的背影中，我看到浓得化不开的感情。身边重要的那双手，每一个人都要好好牵牢。

小小的原味玛德莲，最适合下午茶。甜甜的，香香的，一种温暖的幸福滋味，让人怎么都不会忘记……

Baking Points

🍴 分量：约10个（贝壳烤模）

🍞 烘烤温度：170℃

🍩 烘烤时间：15～17min

☀ 材 料

鸡蛋1个　细砂糖60g　无盐奶油80g

朗姆酒1小匙　低筋面粉80g

☀ 准备工作

1. 将所有材料称量好，低筋面粉过筛，鸡蛋使用室温的。

2. 贝壳烤模中涂抹一层薄薄的固体无盐奶油（分量外）。（图1）

3. 在烤模中均匀撒上一层低筋面粉（分量外），多余的面粉倒除（完成此步骤后将烤模放入冰箱冷藏备用）。
（图2、图3）

4. 将无盐奶油回复室温，到手指按压有明显的压痕后，切成小块。（图4）

5. 找一个比搅拌用钢盆稍微大一些的钢盆装上水，煮至50℃。（图5）

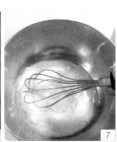

☀ 做法

1. 用打蛋器将鸡蛋与细砂糖打散。（图6、图7）

2. 将钢盆放在已经煮至50℃的热水中隔水加热，一边加热一边搅拌。（图8、图9）

3. 移开后，用手提式电动打蛋器高速将全蛋液打发。（图10、图11）

4. 打到蛋糊膨松，拿起打蛋器时滴落下来的蛋糕有非常清楚的折叠痕迹即可（全过程8～10min）。（图12）

5. 将软化的奶油丁倒入打发的蛋糕中搅拌均匀（快速混合约1min，大致没有奶油粒即可）。（图13～图15）

6. 然后将朗姆酒加入混合均匀。（图16）

7. 将已经过筛的低筋面粉分两次加入搅拌均匀。（图17、图18）

8. 用两个汤匙将面糊平均舀入烤模中。（图19、图20）

9. 放进已经预热至170℃的烤箱中，烘烤15～17min，至表面呈金黄色且竹签插入蛋糕中央后不湿黏即可取出。（图21）

10. 蛋糕烤好后拿出来放凉，再密封起来。（图22）

11. 室温可以保存4～5天。若放入冰箱冷藏，吃之前要回复室温，口感才好。（图23）

Carol's Memo

朗姆酒可以用白兰地或香草酒代替。

Cake

乳酪蛋糕
Cake

- 大理石乳酪蛋糕 Marble Cheesecake
- 切达乳酪蛋糕 Cheddar Cheesecake
- 蓝莓乳酪蛋糕 Blueberry Cheesecake
- 轻乳酪蛋糕 Souffle Cheesecake
- 翻转焦糖凤梨乳酪蛋糕 Caramel Pineapple Upside-down Cheesecake
- 大理石乳酪条 Marble Cheesecake
- 万圣节南瓜乳酪蛋糕 Pumpkin Cheesecake
- 奶油乳酪杯子蛋糕 Cream Cheese Cupcake

Cake

Marble Cheesecake

大理石乳酪蛋糕

答应洁儿要做的大理石乳酪蛋糕终于完成，心里感觉松了一口气。在博客中，很多朋友会提供一些想吃的甜点给我，希望我试做并记录给大家参考。我也很开心，可以因为大家的建议而做出更多味美可口的甜点及料理。答应大家的事也希望都能够做到，但有时候心有余而力不足，因为太多的事等着要做，家中的琐事也不少，所以只能按照自己的步调慢慢前进，大家要多点耐心！

双色的大理石乳酪蛋糕，层层叠叠的纹路交织，有着浓郁的乳酪口味。搭配一杯黑咖啡，消磨一下午的好心情。

Baking Points

 分量：1个（8英寸烤模）

	巧克力蛋糕	大理石乳酪馅
烘烤温度：	170℃	200℃→160℃
烘烤时间：	12min	10min→50min

◎ 材 料

A. 巧克力蛋糕

a. **面糊**：

蛋黄1个　细砂糖6g

苦甜巧克力砖10g　牛奶5mL

植物油8g　君度橙酒5mL

低筋面粉10g　无糖纯可可粉5g

b. **蛋白霜**：

蛋白1个　柠檬汁1/4小匙（1.25mL）

细砂糖10g

B. 大理石乳酪馅

a. **面糊**：

奶油乳酪400g　细砂糖20g　蛋黄3个

酸奶油30g　无盐奶油20g

低筋面粉15g　白兰地1大匙

b. **蛋白霜**：

蛋白3个　柠檬汁1/2小匙

细砂糖60g

c. **巧克力面糊**：

完成的面糊1大匙　无糖纯可可粉1小匙

◎ 准备工作

1. 将奶油乳酪回复到室温，或用微波炉稍微加热软化，切成小块。（图1）

2. 鸡蛋从冰箱中取出，将蛋黄、蛋白小心分开（蛋白不可以沾到蛋黄、水分及油脂）。建议分鸡蛋的时候先分在一个小碗中，确定没有沾到蛋黄再放入钢盆中，不然只要一个蛋白沾到蛋黄，全部的蛋白就打不起来了。（图2）

3. 将无糖纯可可粉与低筋面粉用过滤筛网过筛。（图3）

4. 隔水加热或用微波炉稍微加热，将无盐奶油熔化。

◎ 做法

A 制作巧克力蛋糕

1. 请按照214页橙酒巧克力戚风蛋糕的做法完成面糊。

2. 将完成的面糊倒入8英寸慕斯圆模中，慕斯圆模底部铺一张烤焙纸。（图4、图5）

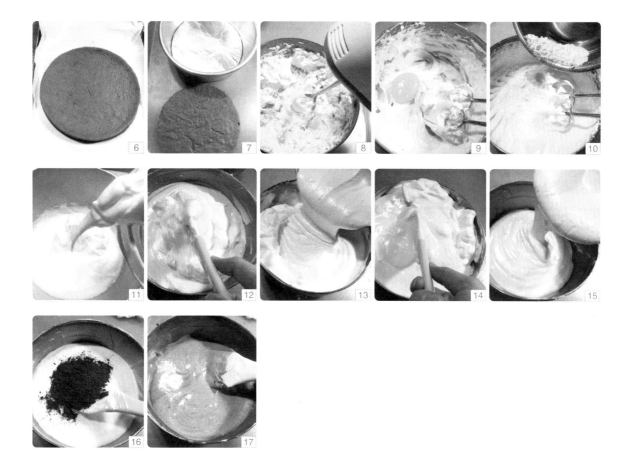

3. 放入已经预热至170℃的烤箱中烘烤12min。

4. 完全凉透后将蛋糕脱模。

5. 切出与8英寸圆模底同样大小的蛋糕片备用。〔图6、图7〕

B 制作大理石乳酪馅并组合

6. 将奶油乳酪与细砂糖用电动打蛋器打成乳霜状。〔图8〕

7. 依次将蛋黄、酸奶油、白兰地、无盐奶油及低筋面粉加入奶油乳酪中搅拌均匀（每一次加入都要搅拌均匀后再加入下一样）。〔图9、图10〕

8. 将蛋白用电动打蛋器打出泡沫，然后加入柠檬汁及1/2的细砂糖。用中速搅打，泡沫开始变细致时，将剩下的细砂糖加入，速度可以调整为高速，将蛋白打到拿起打蛋器时尾端弯曲的湿性发泡状态即可（7~8min）。〔图11〕

9. 舀1/3分量的蛋白霜混入奶油乳酪面糊中，用橡皮刮刀轻轻搅拌均匀。〔图12〕

10. 然后将拌匀的面糊倒入蛋白霜中，以切拌的方式混合均匀。〔图13、图14〕

11. 将面糊一半的分量倒入另一个钢盆中。〔图15〕

12. 将过筛的无糖纯可可粉加入混合均匀。〔图16、图17〕

13. 将巧克力面糊倒入原味面糊中。（图18）

14. 用刮刀大致混合即可。（图19）

15. 将双色面糊倒入已经铺了巧克力蛋糕的烤模中。（图20）

16. 面糊预留1大匙，加入1小匙无糖纯可可粉混合均匀。（图21）

17. 将步骤16的面糊淋洒在双色面糊表面。（图22）

18. 用一支细竹签在面糊表面来回画线即可出现花纹。（图23、图24）

19. 将烤模先放到一个小一点的深盘中，再放入大烤盘，大烤盘中尽量倒满热水（也可以在分离模外面包上两层锡箔纸，但一定要确定锡箔纸没有破）。（图25）

20. 放入已经预热至200℃的烤箱中烘烤10min，然后将温度调到160℃继续烘烤50min。

21. 烤好后取出（还不要脱模），完全凉透后放入冰箱冷藏5~6h。

22. 完全冰透后，用一把扁平的小刀沿着模具边缘划一圈即可脱模。（图26、图27）

23. 切的时候用一把稍微宽长的薄刀，在火炉上加热后再切比较整齐（每切一刀都要将刀擦干净，加热后再切）。

Carol's Memo

a. 酸奶油可以用酸奶代替。

b. 巧克力蛋糕底可以用饼干底代替。饼干底的做法：准备起司饼干（或奇福饼干）70g、无盐奶油35g、细砂糖1.5大匙，将饼干压碎，与其余材料混合均匀即可。

c. 奶油乳酪不可以冷冻，以免油水分离而无法恢复，影响口感。

切达乳酪蛋糕

天气好，我和老公到淡水逛老街，正巧遇到淡水、三芝地区的年度盛事。农历三月十五日是保生大帝寿诞，保生大帝是台湾民间信仰中的健康守护神，整个淡水热闹非凡，祈求来年风调雨顺。

车队绵延数千米，锣鼓喧天，宛如一场嘉年华，场面好壮观。神气无比的三太子哪吒，技术高超的祥狮献瑞，七爷八爷华丽的衣服让人目眩神迷。我们难得遇到这样的活动，混在人群中好兴奋，在福佑宫前穿梭，用相机仔细记录了这场盛会。台湾虽然很小，但风景美、人情美，愿大家好好珍惜这片土地！

乳酪蛋糕滋味浓郁，属于操作比较简单的蛋糕类型。不论是扎实的重乳酪蛋糕，还是口感轻飘的轻乳酪蛋糕，都是我们家的最爱。乳酪的种类非常多，质地较干硬、带有咸香味的切达乳酪是西式料理中常出现的食材，添加在甜点中，做出带咸味的乳酪蛋糕，风味绝佳。不喜欢太甜腻的人要试试这款特别的蛋糕，保证会爱上！

Baking Points

 分量：1个（6英寸烤模）

原味蛋糕底

烘烤温度：170℃

烘烤时间：13～15min

切达乳酪蛋糕

烘烤温度：170℃→150℃

烘烤时间：20min→30min

◎ 材 料

A. 原味蛋糕底

蛋黄1个 植物油13g

低筋面粉23g 牛奶15mL 蛋白1个

柠檬汁1/4小匙 细砂糖10g

B. 切达乳酪蛋糕

a. **乳酪面糊**：

切达乳酪40g 细砂糖15g

牛奶100mL（分为30mL与70mL）

无盐奶油25g 帕梅森起司粉15g

低筋面粉10g 玉米淀粉15g

蛋黄2个 奶油乳酪120g 优酪乳10g

b. **蛋白霜**：

蛋白2个 柠檬汁1/2小匙

细砂糖30g

c. **表面装饰**：

切达乳酪15g

◎ 准 备 工 作

1. 将所有材料称量好，鸡蛋必须是冰的。将表面装饰用的切达乳酪切成丁。

2. 将蛋黄、蛋白分开（蛋白不可以沾到蛋黄、水分及油脂）。鸡蛋分好后，蛋白请先放入冰箱备用。

3. 将原味蛋糕底材料中的低筋面粉用过滤筛网过筛。

4. 奶油乳酪回复室温。

5. 烤盘上铺上一层烤焙纸。

6. 在开始打蛋白霜时打开烤箱，预热至170℃。

◎ 做法

A 制作原味蛋糕底

1. 将蛋黄搅散，加入橄榄油（任何植物油皆可）搅拌均匀。〔图1〕

2. 将过筛的低筋面粉与牛奶分两次交替加入，搅拌均匀成无粉粒的面糊。〔图2〕

3. 先用电动打蛋器将蛋白打出一些泡沫，然后加入柠檬汁及细砂糖（分两次加入），打成提起时尾端挺立的蛋白霜（干性发泡）。〔图3〕

4. 挖1/3分量的蛋白霜混入蛋黄面糊中，用橡皮刮刀以切拌的方式混合均匀。〔图4、图5〕

 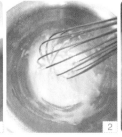  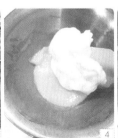 

5. 再将拌匀的面糊倒入剩下的蛋白霜中，以切拌的方式混合均匀。（图6、图7）

6. 将面糊倒入铺有烤焙纸的烤盘中，用刮板抹平整。（图8、图9）

7. 进烤箱前，将烤盘在桌上轻敲几下，敲出较大的气泡。

8. 放入已经预热至170℃的烤箱中，烘烤13～15min至表面呈金黄色。（图10）

9. 从烤箱中取出后移到桌上，将四周的烤焙纸撕开，放凉（蛋糕一定要移出烤盘，以免烤盘余温将蛋糕焖至干硬）。（图11）

10. 完全放凉后，将蛋糕翻过来，底部的烤焙纸撕开。（图12）

11. 切出与烤模底部大小相同的蛋糕片。

B 制作切达乳酪蛋糕

12. 将切好的蛋糕底放入烤模中备用。

13. 将切达乳酪及细砂糖加入70mL的牛奶中，混合均匀，以小火煮至切达乳酪熔化。（图13、图14）

14. 加入无盐奶油及帕梅森起司粉混合均匀。（图15、图16）

15. 将低筋面粉与玉米淀粉混合过筛，倒入30mL的牛奶搅拌均匀。（图17）

16. 将蛋黄加入混合均匀。（图18）

17. 将蛋黄面糊加入牛奶乳酪液中，混合均匀。（图19、图20）

18. 将回软的奶油乳酪切成小块，用打蛋器搅打成乳霜状。〔图21、图22〕

19. 倒入蛋黄乳酪面糊搅拌均匀。〔图23、图24〕

20. 先用电动打蛋器将蛋白打出一些泡沫，然后加入柠檬汁及细砂糖（分两次加入），打成提起时尾端弯曲的蛋白霜（湿性发泡）。〔图25〕

21. 挖1/3分量的蛋白霜混入面糊中，用切拌的方式混合均匀。〔图26〕

22. 再将拌匀的面糊倒入剩下的蛋白霜中。〔图27〕

23. 将面糊用橡皮刮刀由下而上、以切拌的方式混合均匀。〔图28、图29〕

24. 倒入烤模中抹平整。〔图30、图31〕

25. 将表面装饰用的切达乳酪丁均匀撒在面糊表面。〔图32、图33〕

26. 放入已经预热至170℃的烤箱中烘烤20min，再将温度调整到150℃烘烤30min，至表面呈金黄色。〔图34〕

27. 取出，完全凉透后密封，放入冰箱冷藏一夜。

28. 吃之前，用刀子紧贴烤模边缘划一圈即可脱模。〔图35〕

Blueberry Cheesecake

蓝莓乳酪蛋糕

　　在博客写作多年，遇到过非常多特别的朋友。曾经有位推广种植蓝莓的先生，在无意间搜索蓝莓甜点来到我的博客，就这么开始与我分享蓝莓对身体健康的好处与营养价值。在他的博客中，可以看到他整理的文章及收集的文献资料，担任工程师的他利用工作之余宣传蓝莓的益处，风尘仆仆地走遍了全省。网络上有很多人默默地做自己认为对的事，他们不求回报，分享自身的经验及心得给大家，也就是这份无私，社会才会更进步。

　　蓝莓含有大量有利于人体的花青素，颜色鲜艳，很适合添加在甜点中，为成品加分。这款乳酪蛋糕是和那位蓝莓先生分享的甜点，祝福他在蓝莓世界中尽情遨游，将种植的经验传承下去！

Baking Points

 分量: 1个（8英寸分离式烤模）

巧克力杏仁蛋糕底

烘烤温度: 170℃

烘烤时间: 12～15min

蓝莓乳酪蛋糕

烘烤温度: 200℃→160℃

烘烤时间: 10min→50min

❀ 材 料

A. 巧克力杏仁蛋糕底

　低筋面粉80g　无糖纯可可粉20g

　杏仁粉50g　细砂糖50g　无盐奶油80g

B. 蓝莓乳酪馅

a. **面糊**

　奶油乳酪500g　细砂糖40g

　动物性鲜奶油120g　原味酸奶100g

　蛋黄3个　玉米淀粉20g　柠檬汁1大匙

　新鲜蓝莓100g

b. **蛋白霜**：

　冰蛋白2个　柠檬汁1/2小匙

　细砂糖40g

❀ 做法

A 制作巧克力杏仁蛋糕底

1. 分离式烤模底部包覆一层铝箔纸。〔图1〕
2. 将低筋面粉与无糖纯可可粉用过滤筛网过筛。〔图2〕
3. 将所有粉类与细砂糖混合均匀。〔图3〕
4. 无盐奶油隔水加热或用微波炉大火加热15～20s熔化成液体，放凉。〔图4〕
5. 将熔化成液体的奶油倒入其他所有材料中，快速混合成团状。〔图5～图7〕

 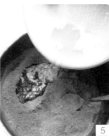 

6. 将蛋糕面团均匀铺在烤模底部及周围，约3cm高。（图8、图9）

7. 放进已经预热至170℃的烤箱中，烘烤12～15min取出，放凉备用。（图10）

B 制作蓝莓乳酪馅

8. 奶油乳酪回复到室温或用微波炉稍微加热软化，切成小块。（图11）

9. 鸡蛋从冰箱中取出，将蛋黄、蛋白小心分开（蛋白不可以沾到蛋黄、水分及油脂）。
建议分鸡蛋的时候先分在一个小碗中，确定蛋白没有沾到蛋黄后再放入钢盆中，不然
只要一个蛋白沾到蛋黄，全部的蛋白就打不起来了。（图12）

10. 将柠檬挤出1大匙柠檬汁。

11. 在奶油乳酪中分次加入细砂糖，用电动打蛋器打成乳霜状。（图13～图15）

12. 依次将动物性鲜奶油、原味酸奶、蛋黄、玉米淀粉、柠檬汁加入奶油乳酪中，搅拌均
匀（每一次加入都要搅拌均匀后再加入下一样）。（图16～图18）

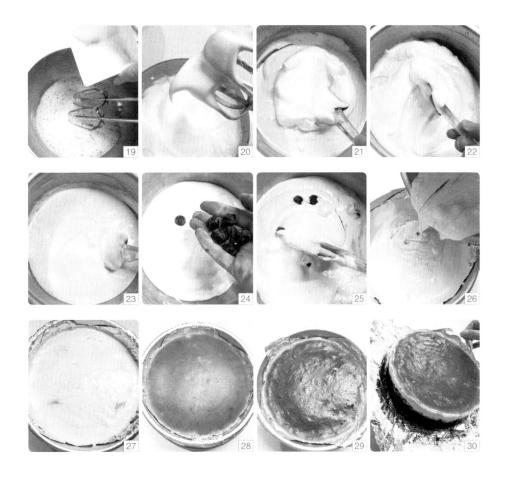

13. 冰蛋白用电动打蛋器打出泡沫，然后加入柠檬汁及1/2的细砂糖，用中速搅打，泡沫
    开始变细致时，将剩下的细砂糖加入，速度可以调整为高速，将蛋白打到拿起打蛋器
    时尾端弯曲的湿性发泡状态即可。（图19、图20）

14. 挖1/3分量的蛋白霜混入奶油乳酪面糊中，用橡皮刮刀轻轻搅拌均匀。（图21）

15. 再将拌匀的面糊倒入剩下的蛋白霜中混合均匀（用橡皮刮刀由下而上翻转、切拌）。
    （图22、图23）

16. 将蓝莓加入混合均匀。（图24、图25）

C 组合并烘烤

17. 将乳酪面糊倒入烤模中。（图26、图27）

18. 放入已经预热至200℃的烤箱中烘烤10min，然后将温度调到160℃继续烘烤50min。
    （图28）

19. 烤好后取出（还不要脱模），等完全凉透后，放入冰箱冷藏5～6h。（图29）

20. 完全冰透后，提起铝箔纸边缘即可移出烤模。（图30）

21. 切的时候，用一把稍微宽长的薄刀，在火炉上加热后再切，才会切得整齐（每切一刀
    都要将刀擦干净，加热后再切）。

Souffle Cheesecake
轻乳酪蛋糕

轻乳酪蛋糕没有太多装饰，造型朴实却有着细腻的好味道，好像爸爸含蓄内敛的感情。不用特别购买保质期短的奶油乳酪，使用一般家庭冰箱中最常准备的乳酪片，就可以制作这款滋味绝佳的甜点。

8月8日，属于沉默少言的父亲，请对辛苦为家付出的爸爸说声：我爱您！

Baking Points

分量：**1个**（6英寸分离式圆模）

烘烤温度：**180℃→120℃**

烘烤时间：**15min→40min**

❀ **材 料**

A. 蛋黄面糊

　　低筋面粉20g 玉米淀粉20g 牛奶50mL
　　蛋黄3个 柠檬汁1小匙

B. 牛奶乳酪

　　乳酪片4片（约84g）
　　牛奶70mL 细砂糖10g

C. 蛋白霜

　　冰蛋白2个（不可以沾到蛋黄）
　　细砂糖30g 柠檬汁1/2小匙

❀ **表面装饰**

镜面果胶适量

❀ **准备工作**

1. 将乳酪片用手剥成小块。（图1）

2. 将柠檬榨出汁液，取1.5小匙。（图2）

3. 将玉米淀粉、低筋面粉混合均匀后用过滤筛网过筛。（图3）

4. 将烤模涂抹上一层薄薄的奶油。（图4）

5. 用烤焙纸剪出同烤模底部一样大的圆形及覆盖烤模侧面一圈的形状。（图5）

6. 将剪好的烤焙纸铺入烤模中。

7. 若使用分离式烤模，底部务必包覆3层铝箔纸以免进水（不可分离式烤模此步骤可省）。（图6）

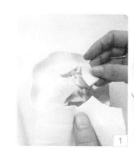

❀ **做法**

1. 将过筛的粉类放入钢盆中，加入50mL牛奶搅拌均匀。（图7、图8）

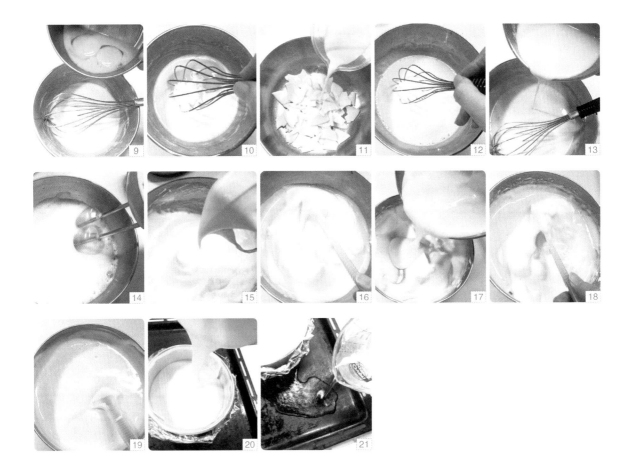

2. 将蛋黄及柠檬汁加入混合均匀。（图9、图10）

3. 将乳酪片放入盆中，加入70mL牛奶及细砂糖，放到火炉上，用小火加热到乳酪片完全熔化后关火（一边煮一边用打蛋器搅拌）。（图11、图12）

4. 然后将蛋黄面糊加入混合均匀。（图13）

5. 冰蛋白先用电动打蛋器打出一些泡沫，然后加入柠檬汁及细砂糖（分两次加入），打成提起时尾端弯曲的蛋白霜（湿性发泡）。（图14、图15）

6. 舀1/3分量的蛋白霜混入蛋黄面糊中，用橡皮刮刀以沿盆边翻转及画圈的方式搅拌均匀。（图16）

7. 再将拌匀的面糊倒入剩下的蛋白霜中混合均匀。（图17~图19）

8. 倒入铺好烤焙纸的烤模中，在桌上轻敲几下让面糊均匀，若有气泡用手指抹平整。（图20）

9. 将烤模放到烤盘上，烤盘上倒入一杯沸水（一定要尽量倒满，以免中途开烤箱加水而让蛋糕消泡）。（图21）

10. 放入已经预热至180℃的烤箱中，烘烤15min到表面上色之后，将烤箱温度调整到120℃继续烤40min。（图22、图23）

11. 烤好后取出，马上倒扣到一个大盘子上，再用另一个盘子倒扣回正，然后撕去外圈的烤焙纸放凉（若不马上倒扣回正，容易产生水汽导致表皮发黏）。（图24～28）

12. 最后刷上一层镜面果胶，放入冰箱冷藏。（图29、图30）

 Carol's Memo

a. 乳酪片可以用自己喜欢的口味，也可以用奶油乳酪代替。

b. 镜面果胶也可以用杏果酱或橘子果酱代替。

c. 整个流程一定要掌握住，如果乳酪蛋黄面糊完全冷却后才与蛋白霜混合，蛋糕烤出来口感会变差。如果一直没法掌握面糊的温度，可以先打蛋白霜再做面糊，以免面糊冷得太快。

d. 若要做8英寸的蛋糕，配方如下，烘烤温度不变，但烘烤时间延长15～20min。
蛋黄面糊： 牛奶80mL、玉米淀粉32g、低筋面粉32g、蛋黄5个、柠檬汁1.5小匙
牛奶乳酪： 牛奶110mL、乳酪片6.5片（约135g）、细砂糖20g
蛋白霜： 冰蛋白3个（不可以沾到蛋黄）、细砂糖45g、柠檬汁1/2小匙

e. 切蛋糕的刀稍微用温热的毛巾擦一下，刀有一点温热，垂直往下压就可以切得漂亮，不要用前后锯的方式。

Caramel Pineapple Upside-down Cheesecake

翻转焦糖凤梨乳酪蛋糕

　　从没有想过自己会成为一个食谱作家，可以在这长达7年多的时间里持续记录厨房的一切，现在每天在网络上发博文并回复已经是我日常生活中的一部分。博客的总回复数也已经接近97000条，真的很难想象自己打字的速度从刚开始的一指神功，进步到了现在双手可以在键盘上飞舞。

　　谢谢所有朋友的陪伴，Carol希望这个空间可以一直持续，永远作为大家厨房的参考！

　　凤梨用焦糖炒过，酸味减少，多了焦香，与奶油乳酪搭配，烘烤出一款味道醇厚的乳酪蛋糕。冷藏后食用口感更好，滋味浓郁。

 **Baking Points**

分量：**1个**（6英寸烤模）

烘烤温度：**200℃→160℃**

烘烤时间：**10min→40min**

◎ 材 料

A. 焦糖凤梨

　　凤梨果肉350g　细砂糖60g　冷开水1/2大匙

B. 乳酪馅

　　奶油乳酪180g　无盐奶油35g　细砂糖40g

　　鸡蛋1个　蛋黄1个　动物性鲜奶油70g

　　原味酸奶70g　玉米淀粉10g　香草酒1小匙

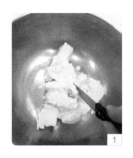

❂ 准备工作

1. 将奶油乳酪回复到室温（或用微波炉稍微加热软化），切成小块。

2. 将无盐奶油回软，切成小块。〔图1〕

❂ 做法

A 制作焦糖凤梨

1. 将凤梨果肉对切。

2. 将冷开水放入炒锅中，再倒入细砂糖。〔图2〕

3. 轻轻摇晃一下炒锅，使细砂糖与冷开水混合均匀。

4. 开小火煮糖液（一开始不要搅拌，搅拌了糖会煮不溶）。〔图3、图4〕

5. 当糖液变成深咖啡色后，将凤梨倒入，用锅铲翻炒均匀。〔图5～图7〕

6. 小火继续熬煮，至汤汁收干即可盛起，放凉备用。〔图8〕

B 制作乳酪馅

7. 将奶油乳酪与无盐奶油用打蛋器打成乳霜状。〔图9〕

8. 加入细砂糖混合均匀。〔图10〕

9. 将鸡蛋及蛋黄加入混合均匀。〔图11〕

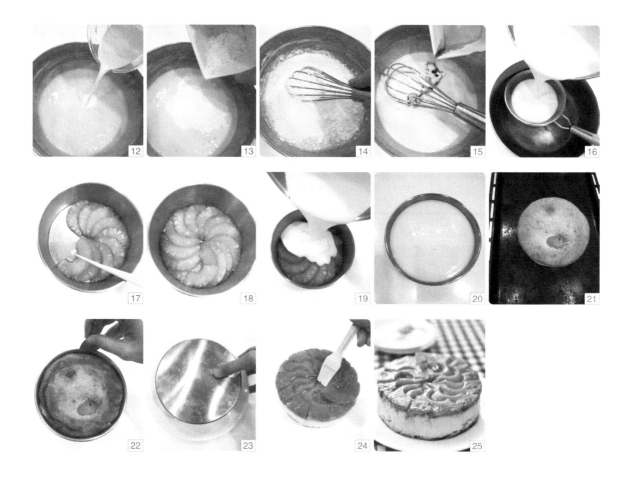

10. 再将动物性鲜奶油、原味酸奶、玉米淀粉及香草酒依次加入混合均匀（每一次加入都要搅拌均匀后再加下一样）。（图12~图15）

11. 完成的乳酪糊用过滤筛网过筛。（图16）

C 组合并烘烤

12. 将焦糖凤梨整齐地排入烤模中。（图17、图18）

13. 将乳酪馅倒入烤模中。（图19、图20）

14. 放入已经预热至200℃的烤箱中烘烤10min，然后将温度调到160℃继续烘烤40min。（图21）

15. 烤好后从烤箱中取出（还不要脱模），等完全凉透后，放入冰箱冷藏5~6h。

16. 完全冰透后，用一把扁平的小刀沿着模具边缘划一圈，即可倒扣到盘子中脱模。（图22、图23）

17. 表面可以刷上一层果胶增加光泽。（图24、图25）

18. 切的时候用一把稍微宽长的薄刀，在火炉上加热后再切才会切得整齐（每切一刀都要将刀擦干净，加热后再切）。

Marble Cheesecake

大理石乳酪条

　　年纪越大，似乎与父母的牵绊越深，看着他们白发渐渐变多，脸上的皱纹越来越深，就更想多陪伴在他们身边，就算打打电话也好。张爱玲说：不管你有多优秀，这个世界上总有人不爱你；不管你有多卑微，这个世界上总有人爱着你。而无论发生什么事，会一直支持鼓励你的就是父母。我感谢父母从小严格的教育，因为他们的身教言传，我一直坚持自己的本分，认真地做每一件事。这份对儿女的牵挂，一辈子再也放不下。

　　我们长大了，父母却一天天老去，好好珍惜和父母在一起的每个瞬间吧！

Baking Points

分量： 1个（14.5cm×14.5cm×5cm的方形慕斯烤模）

烘烤温度： 150℃→120℃

烘烤时间： 20min→25min

❀ 材 料

A. 饼干底

　　市售饼干60g 无盐奶油30g [图A]

B. 乳酪馅

　　奶油乳酪140g 无盐奶油15g 细砂糖25g
　　鸡蛋1个 蛋黄1个 原味酸奶15g 香草酒5mL
　　巧克力砖10g [图B]

A

B

✿ 做法

A 制作饼干底

1. 慕斯烤模底部包覆一层铝箔纸（若使用有底的分离式烤模，则此步骤取消）。〔图1〕

2. 将饼干放入较厚的塑料袋中，用擀面杖敲打、擀压，或用食物调理机搅打成粉末状。〔图2、图3〕

3. 将无盐奶油放入微波炉中加热10～15s，或隔水加热熔化成液状，倒入饼干碎中混合均匀。〔图4～图6〕

4. 将饼干碎均匀地铺在慕斯烤模底部，用力压紧。〔图7、图8〕

5. 放进冰箱冷藏30min冰硬。

B 制作乳酪馅

6. 将无盐奶油及鸡蛋回复室温。

7. 将奶油乳酪回复到室温，或用微波炉稍微加热软化，切成小块。〔图9〕

8. 将奶油乳酪与无盐奶油用打蛋器打成乳霜状。〔图10、图11〕

9. 加入细砂糖搅拌均匀。〔图12、图13〕

10. 将打散的全蛋液及蛋黄分次加入搅拌均匀。〔图14、图15〕

11. 依次将原味酸奶及香草酒加入奶油乳酪中，搅拌均匀（每一次加入都要搅拌均匀后再加入下一样）。〔图16～图18〕

12. 将巧克力砖切碎，用50℃的温水隔水加热熔化，加入1小匙乳酪馅混合均匀，装入塑料袋中。〔图19～图21〕

C 组合并烘烤

13. 将完成的乳酪馅倒入烤模中。〔图22〕

14. 将装有巧克力乳酪馅的塑料袋前端剪一个小洞。〔图23〕

15. 在乳酪馅表面左右淋洒出线状条纹。〔图24〕

16. 用竹签垂直于线状条纹来回画直线，做出花纹。〔图25、图26〕

17. 放入已经预热至150℃的烤箱中烘烤20min，然后将温度调整为120℃，再烘烤25min即可（中间可以打开烤箱，在表面铺一张铝箔纸，以免上色）。〔图27〕

18. 烤好后，取出至完全凉透后，放入冰箱冷藏5～6h。〔图28〕

19. 冰透后，用一把小刀紧贴着烤模周围划一圈即可脱模。〔图29、图30〕

20. 切成条状（切的时候用一把稍微宽长的薄刀，在火炉上加热后再切才会切得整齐，每切一刀都要将刀擦干净，加热后再切）。〔图31〕

Pumpkin Cheesecake

万圣节南瓜乳酪蛋糕

万圣节又要来临，很多小朋友也开始期待变装造型，迎接这个有趣又缤纷的节日。南瓜当然是不可缺少的主角，滋味甜美的南瓜乳酪蛋糕就是这个节日的重头戏。

月黑风高的夜晚，黑蝙蝠与骑着扫帚的巫婆要出门好好大闹一场，你准备好加入了吗？

 Baking Points

 分量：**1个**（6英寸烤模）

巧克力杏仁蛋糕底

 烘烤温度：170℃

 烘烤时间：12～15min

南瓜乳酪蛋糕

 烘烤温度：200℃→160℃

 烘烤时间：10min→40min

❀ 材料

A. 巧克力杏仁蛋糕底

　　低筋面粉40g　无糖纯可可粉10g
　　杏仁粉25g　细砂糖25g　植物油30g
　　（图A）

B. 南瓜乳酪面糊

　　南瓜泥300g　动物性鲜奶油60g
　　切达乳酪片150g（约7片）　细砂糖40g
　　蛋黄2个　低筋面粉1大匙
　　朗姆酒1/2大匙（图B）

C. 造型饼干

　　低筋面粉40g　无糖纯可可粉10g
　　无盐奶油25g　糖粉10g（图C）

A　　　　　B　　　　　C

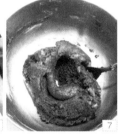

❀ 做法

A 制作巧克力杏仁蛋糕底

1. 将所有材料称量好。

2. 将低筋面粉与无糖纯可可粉混合均匀，用过滤筛网过筛。（图1）

3. 用汤匙将杏仁粉的结块部分压散。（图2）

4. 将除植物油外的所有材料依次放入盆中，混合均匀。（图3、图4）

5. 最后将植物油倒入，快速混合成团状即可。（图5～图7）

6. 烤模底部包覆一层铝箔纸，放在烤盘上。（图8）

7. 将巧克力杏仁面团均匀压在烤模底部。（图9、图10）

8. 放进已经预热至170℃的烤箱中，烘烤12～15min后取出，放凉备用。（图11）

B 制作南瓜乳酪面糊

9. 将南瓜去皮、去子、切块，大火蒸12~15min至软烂。取300g，趁热用叉子压成泥。（图12）

10. 将300g南瓜泥放入炒锅中，小火炒干，使其浓缩成约150g的南瓜泥。（图13~图15）

11. 将动物性鲜奶油放入锅中，切达乳酪片撕成小块放入，再加入细砂糖。将锅放到火炉上，用小火加热到乳酪片完全熔化后关火（一边煮一边用打蛋器搅拌）。（图16~图18）

12. 依次将南瓜泥及蛋黄加入混合均匀。（图19、图20）

13. 再将低筋面粉及朗姆酒加入混合均匀。（图21、图22）

C 组合并烘烤蛋糕

14. 将完成的南瓜乳酪面糊倒入烤模中，稍微将表面整平。（图23、图24）

15. 放入已经预热至200℃的烤箱中烘烤10min，然后将温度调到160℃，继续烘烤40min。（图25）

16. 烤好后取出（还不要脱模），等完全凉透后，放入冰箱冷藏5~6h（或过夜）。（图26）

17. 完全冰透后，用一把扁平的小刀沿着模具边缘划一圈即可脱模。〔图27、图28〕

▶ D 制作造型饼干

18. 将所有材料称量好。

19. 将低筋面粉与无糖纯可可粉混合均匀，然后用过滤筛网过筛。〔图29〕

20. 将无盐奶油室温回软，用打蛋器打成乳霜状，加入糖粉混合均匀。〔图30、图31〕

21. 将过筛的粉类分两次加入，用刮刀以按压的方式混合成团状。〔图32~图34〕

22. 用保鲜膜包覆起来，放入冰箱冷藏30min。〔图35〕

23. 将面团用擀面杖擀成一张厚约0.4cm的面皮。〔图36〕

24. 画好纸型，再把纸型裁下来。

25. 按照裁好的纸型裁出饼干造型（若面团太软，随时可以将擀开的面皮放入冰箱冷藏，冰硬后再取出操作）。〔图37〕

26. 将饼干面团均匀排放在烤盘上。〔图38〕

27. 放入已经预热至160℃的烤箱中烘烤12~15min（中间烤盘调头一次，使饼干上色均匀）。〔图39、图40〕

Carol's Memo

a. 蒸出来的新鲜南瓜泥如果比较湿，含水量高，必须多一个"炒干"的步骤，这样味道更浓郁。如果买的是比较浓稠的南瓜泥，或是含水量少的南瓜，就不需要这样的步骤，直接使用150g就可以了。

b. 切达乳酪片也可以用奶油乳酪代替。

Cream Cheese Cupcake

奶油乳酪杯子蛋糕

在博客中常常会看到一些妈妈留言给我，为了孩子的生日聚会，或学校活动需要准备小点心，希望我提供一些适合的成品让她们参考。每每看到这些家长对孩子充满爱的文字，我就觉得非常感动。现在的妈妈越来越不简单，除了努力上班还要照顾孩子，回家更是亲自调理餐点，日日月月都奉献给家庭。

生日派对，好友聚餐，想来一点特别的感受，给大家一份惊喜。在杯子蛋糕上面装饰不同口味的奶油乳酪霜，平凡的小蛋糕马上从灰姑娘变成公主，闪亮动人。

Baking Points

分量：约6个

烘烤温度：170℃

烘烤时间：23～25min

❀ 材 料

A. 乳酪杯子蛋糕（直径5cm的油力士纸模约6个）

a. 乳酪面糊：
牛奶70mL 奶油乳酪65g 蛋黄1个
细砂糖15g 低筋面粉32g 玉米淀粉8g
柠檬汁1小匙［图A］

b. 蛋白霜：
冰蛋白2个 细砂糖20g 柠檬汁1/4小匙

B. 奶油乳酪霜
奶油乳酪60g 无盐奶油15g 糖粉25g
草莓果酱2小匙 抹茶粉1/2小匙［图B］

A　　　　　　　B

☺ 准备工作

1. 将所有材料称量好。

2. 将奶油乳酪回复室温，切成小块。（图1）

3. 将柠檬榨出汁液，取1.25小匙。

4. 将蛋黄、蛋白分开（蛋白不可以沾到蛋黄、水分及油脂）。（图2）

5. 将玉米淀粉、低筋面粉混合均匀，用过滤筛网过筛。（图3）

6. 将无盐奶油室温软化，或用微波炉稍微加热软化。

7. 将油力士纸模放入布丁模中。

☺ 做法

A 制作乳酪杯子蛋糕

1. 将牛奶及奶油乳酪放入钢盆中，以小火加热至奶油乳酪完全熔化后关火（一边煮一边用打蛋器搅拌）。（图4、图5）

2. 蛋黄中加入细砂糖搅拌均匀，将牛奶乳酪以线状倒入混合均匀，边倒边搅拌。（图6～图9）

3. 将过筛的粉类加入搅拌均匀。（图10）

4. 将柠檬汁加入混合均匀。（图11）

5. 先用电动打蛋器将蛋白打出一些泡沫，然后加入柠檬汁及细砂糖（分两次加入），打成提起时尾端弯曲的蛋白霜（湿性发泡）。（图12、图13）

6. 舀1/3分量的蛋白霜混入蛋黄面糊中，用橡皮刮刀沿着盆边以翻转及画圈的方式搅拌均匀。（图14）

7. 再将拌匀的面糊倒入剩下的蛋白霜中混合均匀。（图15、图16）

8. 倒入油力士纸模中至约八分满。〔图17、图18〕

9. 将布丁模放到烤盘上，烤盘上倒入一杯沸水。〔图19〕

10. 放入已经预热至170℃的烤箱中，烘烤23～25min至竹签插入后不湿黏。〔图20〕

11. 出炉后马上从布丁模中倒出，放在铁网架上散热。〔图21、图22〕

12. 完全凉透后密封，放入冰箱冷藏。

B 制作奶油乳酪霜并完成装饰

13. 将奶油乳酪放入钢盆中切成小块，用打蛋器搅打成乳霜状。〔图23、图24〕

14. 加入无盐奶油搅拌均匀。〔图25、图26〕

15. 加入糖粉搅拌均匀。〔图27、图28〕

16. 将做好的乳酪平均分成2等份。〔图29〕

17. 分别加入草莓果酱及抹茶粉混合均匀即可。〔图30～图32〕

18. 将奶油乳酪霜装入挤花袋中，使用星形挤花嘴。〔图33〕

19. 在放凉的杯子蛋糕表面挤出螺旋状装饰。〔图34〕

Cake

戚风蛋糕
Cake

- 红茶乳酪超软戚风蛋糕 Souffle Cream Cheese Chiffon Cake
- 蓝莓牛奶杯子蛋糕 Blueberry Chiffon Cupcake
- 橙酒巧克力戚风蛋糕 Chocolate Cointreau Chiffon Cake
- 蓝莓戚风蛋糕 Blueberry Chiffon Cake
- 抹茶鲜果夹心蛋糕 Green Tea Chiffon Cake with Fruit
- 镜面巧克力蛋糕 Chocolate Cake
- 布丁草莓卷 Strawberry Pudding Roll Cake
- 红薯蛋糕卷 Sweet Potato Roll Cake
- 双色蛋糕卷 Layer Roll Cake
- 抹茶红豆蛋糕卷 Green Tea Roll Cake
- 咖啡巧克力蛋糕卷 Chocolate Coffee Roll Cake
- 图案巧克力蛋糕卷 Chocolate Roll Cake
- 电饭锅蜂蜜蛋糕 Rice Cooker Honey Cake

Cake

Souffle Cream Cheese Chiffon Cake

红茶乳酪超软戚风蛋糕

婆婆生日，子女及孙辈们从四面八方赶回家为她庆祝。一大家子超级热闹，餐厅中欢笑声不断，家族的心也凝聚在一起。公公婆婆相知相惜数十年，我从没看到过他们两人有任何不愉快，这样的感情细水长流，弥足珍贵。

祝福他们二老健康快乐，幸福永远！

当红茶遇到乳酪时会擦出什么样的火花？红茶香，乳酪浓，软绵绵的蛋糕组织让人意犹未尽……

Baking Points

 分量：1个（8英寸戚风蛋糕专用模）

 烘烤温度：160℃→150℃

 烘烤时间：10min→38～40min

◎ 材料

A. 面糊

乳酪片2片（约44g） 牛奶100mL

细砂糖30g 植物油40g

伯爵红茶包2包 低筋面粉100g

蛋黄4个＋鸡蛋1个（蛋黄与全蛋液共约125g）

B. 蛋白霜

蛋白5个 柠檬汁1小匙 细砂糖60g

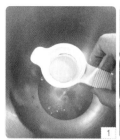

😊 准备工作

1. 将所有材料称量好（鸡蛋必须是冰的）。
2. 将蛋黄、蛋白分开（蛋白不可以沾到蛋黄、水分及油脂）。
   （图1）
3. 将低筋面粉用过滤筛网过筛。（图2）
4. 将烤箱预热至160℃（实际温度请根据自家烤箱调整）。

😊 做法

1. 将乳酪片撕成小块，放入牛奶中，倒入细砂糖、植物油及红茶包的茶叶煮至沸腾，然后转小火再煮1min（若不希望吃到茶叶渣，可以将茶包放入煮2min后捞起）。（图3～图5）
2. 将过筛的低筋面粉一口气倒入，快速搅拌均匀。（图6、图7）
3. 搅拌到面粉完全成团且不粘锅即关火（水与油煮沸后转小火，倒入面粉后火还不要关，搅拌到面粉变得有一点透明且不粘锅才能关火）。（图8）
4. 然后依次将蛋黄与鸡蛋一个一个加入混合均匀，每加一个蛋黄必须搅拌均匀后再加下一个。（图9、图10）
5. 直到舀起时面糊呈倒三角形缓慢流下的状态即完成（若4个蛋黄及1个鸡蛋都加完却没有达到上述状态，请继续添加一些全蛋液）。（图11）
6. 先用电动打蛋器将蛋白打出一些泡沫，然后加入柠檬汁及细砂糖（分两次加入），打成提起时尾端挺立的蛋白霜（干性发泡）。（图12）

7. 舀1/3分量的蛋白霜混入蛋黄面糊中，用橡皮刮刀沿着盆边以翻转及切拌的方式搅拌均匀。（图13、图14）

8. 再将拌匀的面糊倒入剩下的蛋白霜中，混合均匀。（图15~图17）

9. 将搅拌好的面糊倒入戚风蛋糕模中。（图18）

10. 用橡皮刮刀将面糊表面抹平整。（图19）

11. 进烤箱前在桌上敲几下，敲出较大的气泡。放入已经预热至160℃的烤箱中烘烤10min，然后从烤箱中取出。

12. 用一把小刀在蛋糕表面平均切出6~8道线（此步骤可使蛋糕表面均匀膨胀）。（图20）

13. 马上再放回烤箱中，将烤箱温度调整成150℃继续烘烤38~40min（用竹签插入蛋糕中心若不湿黏即可取出，若湿黏再烤2~3min）。（图21）

14. 烤好后，马上用铁网架倒扣放凉（倒扣时必须架高，至少离桌面10cm，以免热气回流造成表面湿黏）。（图22）

15. 完全凉透后，用扁平的小刀沿着边缘及底部刮一圈脱模。（图23）

 Carol's Memo

a. 现在市面上的鸡蛋大小差距很大，有些超市卖的鸡蛋净重不到50g，所以材料中蛋的分量可能就会有差异。请特别注意，如果蛋黄面糊很干，没有呈倒三角形缓慢流下的面糊，那就继续添加全蛋液，直到面糊达到此状态。

b. 这里使用的乳酪片为市售夹三明治用的，也可以用44g奶油乳酪代替。

c. 伯爵红茶包可以使用自己喜欢的品牌，或用一般红茶代替。

Blueberry Chiffon Cupcake

蓝莓牛奶杯子蛋糕

　　好多年前的我还是个朝九晚七的上班族，忙碌一成不变的工作就这样持续了多年。从来没有想过可以在厨房中尽情做自己喜欢的事，将童年的梦想延续。平凡的日子因为这些琐事也变得闪亮，单纯的主妇生活也有了无限的乐趣，这样的幸福我握在手心。

　　连续的雨让人心情不安，能够让我静下心来的事就是打开烤箱。甜甜的滋味飘散，我的厨房也出现了小小的太阳。

Baking Points

🍳 分量：**12个**（7cm×6cm的纸模）

🍞 烘烤温度：**160℃**

🕛 烘烤时间：**22～25min**

✿ 材 料

A. 原味鲜奶油内馅

　　动物性鲜奶油200g　细砂糖20g
　　白兰地1/2小匙

B. 蓝莓杯子蛋糕

a. **面糊**：

　　蛋黄4个　蓝莓果酱50g　牛奶15mL
　　橄榄油（或其他植物油）30g
　　低筋面粉60g　米粉25g

b. **蛋白霜**：

　　蛋白4个　柠檬汁1小匙　细砂糖40g

♻ 准备工作

1. 将所有材料称量好，鸡蛋必须是冰的。
2. 将蛋黄、蛋白分开（蛋白不可以沾到蛋黄、水分及油脂）。分好后，蛋白请先放入冰箱备用。〔图1〕
3. 将低筋面粉与米粉用过滤筛网过筛。〔图2〕
4. 开始打蛋白霜时打开烤箱，预热至160℃。

♻ 做法

A 制作原味鲜奶油内馅

1. 做法请参考40页鲜奶油打发，完成后放入冰箱冷藏备用。

B 制作蓝莓杯子蛋糕

2. 将蛋黄用打蛋器搅拌均匀，再加入橄榄油搅拌均匀。〔图3〕
3. 再将蓝莓果酱加入混合均匀。〔图4〕
4. 将过筛的粉类与牛奶分两次交替混入，搅拌均匀，使其成为无粉粒的面糊。〔图5、图6〕
5. 将蛋白先用电动打蛋器打出一些泡沫，然后加入柠檬汁及细砂糖（分两次加入），打成提起时尾端挺立的蛋白霜（干性发泡）。〔图7〕
6. 挖1/3分量的蛋白霜混入蛋黄面糊中，用橡皮刮刀沿着盆边以翻转及画圈的方式搅拌均匀。〔图8〕
7. 再将拌匀的面糊倒入剩下的蛋白霜中。〔图9〕

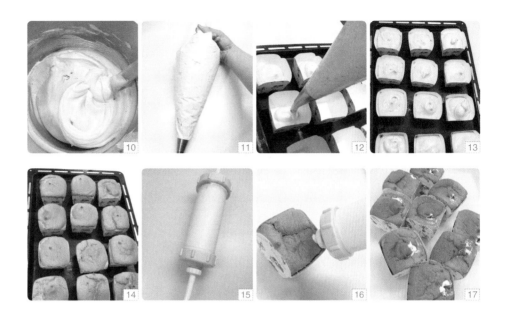

8. 用橡皮刮刀将面糊由下而上以切拌的方式混合均匀（完成的面糊是非常浓稠且不太流动的状态）。〔图10〕

9. 将面糊装入挤花袋中，使用1cm的圆形挤花嘴。〔图11〕

10. 将面糊挤入纸模中至约九分满（也可以用汤匙舀入纸模中）。〔图12、图13〕

11. 放入已经预热至160℃的烤箱中，烘烤22～25min。

12. 烤好后移出烤盘放凉，避免烤盘余温将蛋糕底部焖至干硬。〔图14〕

C 装饰

13. 将原味鲜奶油内馅装入挤花筒，使用长挤花嘴。〔图15〕

14. 蛋糕完全放凉后，将长挤花嘴插入蛋糕中，把适量的内馅挤入杯子蛋糕中心。〔图16〕

15. 将完成的蛋糕密封，放入冰箱冷藏。〔图17〕

 Carol's Memo

a. 果酱可以选择自己喜欢的口味。

b. 也可以使用油力士纸模，外罩金属布丁模。

c. 加米粉的目的是为了保湿，也可降低筋性，使蛋糕组织更松软。米粉可以用低筋面粉代替。

Chocolate Cointreau Chiffon Cake

橙酒巧克力戚风蛋糕

　　戚风蛋糕是很多人喜欢的食品，松软湿润又清爽，只要注意几个步骤就可以顺利制作。蛋黄面糊混合粉类的时候要快速，不要过度搅拌，才不会使面粉产生筋性，影响膨胀。蛋白霜也要确实打至提起时挺立，混合过程中也多点耐心，以免消泡。多练习，多注意操作过程，蛋糕就会完美出炉。

　　偶尔就是想吃味道浓重的甜点，巧克力永远是我的第一选择。这款蛋糕甜度适中、组织松软，带着橙酒的香气，可虏获每一个人的心。

Baking Points

分量：**1个**（8英寸戚风蛋糕专用中空模）

烘烤温度：**160℃→150℃**

烘烤时间：**10min→35～38min**

材 料

A. 面糊

蛋黄5个　细砂糖30g　苦甜巧克力砖50g
植物油20g　君度橙酒20mL　牛奶30mL
低筋面粉50g　无糖纯可可粉25g

B. 蛋白霜

蛋白5个　柠檬汁1小匙　细砂糖50g

☸ 准备工作

1. 将所有材料称量好（鸡蛋必须是冰的）。

2. 将蛋黄、蛋白分开，蛋白不可以沾到蛋黄、水分及油脂（分好的蛋白可以先放入冰箱冷藏备用）。（图1、图2）

3. 将低筋面粉与无糖纯可可粉用过滤筛网过筛。（图3）

4. 将苦甜巧克力砖用刀切碎放入搅拌用钢盆中。找一个比这个钢盆稍微大一些的钢盆装上水，煮至50℃。

5. 将装有巧克力碎的钢盆放在已经煮至50℃的水中，用隔水加热的方式将巧克力完全熔化（熔化过程需要7～8min，中间稍微搅拌一下会加快速度。若水温变低，可以再加热到50℃）。（图4）

6. 再将植物油加入巧克力酱中，混合均匀备用。（图5）

7. 开始打蛋白霜时打开烤箱，预热至160℃。

☸ 做法

1. 将蛋黄与细砂糖用打蛋器搅拌均匀至略微泛白的程度。（图6、图7）

2. 再将巧克力酱加入搅拌均匀。（图8）

3. 将君度橙酒加入混合均匀。

4. 将过筛的粉类与牛奶分两次交替加入，搅拌均匀成无粉粒的面糊（搅拌过程尽量快速，以免面粉产生筋性，影响口感）。（图9～图11）

5. 将蛋白先用电动打蛋器打出一些泡沫，然后加入柠檬汁及细砂糖（分两次加入），打成提起时尾端挺立的蛋白霜（干性发泡）。（图12、图13）

6. 舀1/3分量的蛋白霜混入蛋黄面糊中，搅拌均匀。（图14～图16）

7. 再将拌匀的面糊倒入剩下的蛋白霜中，混合均匀。（图17~图19）

8. 将搅拌好的面糊倒入戚风蛋糕模中。（图20）

9. 将面糊表面用橡皮刮刀抹平整。（图21）

10. 进烤箱前，在桌上敲几下以敲出较大的气泡。放入已经预热至160℃的烤箱中烘烤10min，然后从烤箱中取出。

11. 用一把小刀在蛋糕表面平均切出6~8道线（此步骤可使蛋糕表面均匀膨胀）。（图22）

12. 马上再放回烤箱中，将烤箱温度调整成150℃，继续烘烤35~38min（用竹签插入蛋糕中心，若不湿黏即可取出，若湿黏再烤2~3min）。（图23）

13. 烤好后取出，马上用酒瓶倒扣放凉（倒扣时必须架高，至少离桌面10cm，以免热气回流造成表面湿黏）。（图24、图25）

14. 完全凉透后，用扁平的小刀沿着边缘刮一圈脱模，中央部位及底部也用小刀贴着刮一圈脱模。（图26~图29）

 Carol's Memo

a. 君度橙酒也可以用其他自己喜欢的烈酒代替。

b. 不喝酒的朋友可以将酒改为牛奶。

Blueberry Chiffon Cake

蓝莓戚风蛋糕

　　快四月了，这几天却又冷起来，还下着绵绵的雨。怕冷的我宅在家哪里都不想去，看了几部令人伤感的好电影。前些天意外地接到老同学来电，从电话那头听到念书时的"死党"传来的声音，久远的往事又一幕幕浮现。这样的感觉真好，那样的青春年少一生也只有一回！

　　很久没有烤戚风蛋糕了，忽然间想念那柔软清淡的口感。只要拿出我的甜点器具，厨房中自然而然就有了甜蜜的感觉，不出门的我依然有自己的世界。只要控制好蛋白霜，戚风蛋糕是最简单的基本款蛋糕。

　　翻翻冰箱里的材料，新鲜的蓝莓让我眼睛一亮。没错！这就是我想要的味道。

Baking Points

🥧 分量：**1个**（8英寸分离式平底模）

🍱 烘烤温度：**160℃→150℃**

⏲ 烘烤时间：**10min→40min**

◎ 材 料

A. 面糊

　　蛋黄6个 细砂糖30g 植物油40g
　　新鲜蓝莓120g 低筋面粉120g

B. 蛋白霜

　　蛋白6个 柠檬汁1小匙 细砂糖50g

准备工作

1. 将所有材料称量好，鸡蛋必须是冰的。〔图1〕
2. 将蛋黄、蛋白分开（蛋白不可以沾到蛋黄、水分及油脂）。〔图2〕
3. 将低筋面粉用过滤筛网过筛。〔图3〕
4. 将新鲜蓝莓放入果汁机中搅打成泥状。〔图4〕
5. 开始打蛋白霜时，打开烤箱预热至160℃。

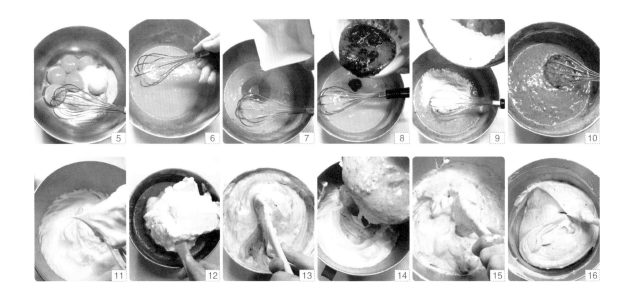

做法

1. 将蛋黄与细砂糖用打蛋器搅拌均匀，至略微泛白的程度。〔图5、图6〕
2. 再将植物油加入搅拌均匀。〔图7〕
3. 然后将新鲜蓝莓泥加入搅拌均匀。〔图8〕
4. 再将过筛的低筋面粉分两次加入，搅拌均匀成无粉粒的面糊（搅拌过程尽量快速，以免面粉产生筋性，影响口感）。〔图9、图10〕
5. 将蛋白先用电动打蛋器打出一些泡沫，然后加入柠檬汁及细砂糖（分两次加入），打成提起时尾端挺立的蛋白霜（干性发泡）。〔图11〕
6. 舀1/3分量的蛋白霜混入蛋黄面糊中，用橡皮刮刀沿着盆边以翻转及画圈的方式搅拌均匀。〔图12、图13〕
7. 再将拌匀的面糊倒入剩下的蛋白霜中，混合均匀。〔图14～图16〕

8. 将搅拌好的面糊倒入烤模中。（图17）

9. 将面糊表面用橡皮刮刀抹平整。（图18）

10. 进烤箱前，在桌上敲几下，以敲出较大的气泡。放入已经预热至160℃的烤箱中，烘烤10min后从烤箱中取出。

11. 用一把小刀在蛋糕表面平均切出3条线。（图19）

12. 再放回烤箱中，将烤箱温度调整成150℃，继续烘烤40min（用竹签插入蛋糕中心，若不湿黏即可取出，若湿黏再烤2~3min）。（图20）

13. 烤好后，马上使用铁网架倒扣放凉（倒扣时必须架高，至少离桌面10cm，以免热气回流造成蛋糕表面湿黏）。（图21）

14. 完全凉透后，用扁平的小刀沿着边缘刮一圈脱模，中央部位及底部也用小刀贴着刮一圈脱模。（图22~图25）

Carol's Memo

a. 新鲜蓝莓可以用相同分量的冷冻莓果（退冰）或新鲜草莓代替。

b. 若蛋糕表面上色太快，请迅速打开烤箱，在蛋糕表面铺一张铝箔纸。

c. 这款蛋糕分量比较多，适合日式高戚风蛋糕模。若烤箱较小，请以以下分量制作：

  面糊：蛋黄5个、细砂糖25g、植物油33g、新鲜蓝莓100g、低筋面粉100g

  蛋白霜：蛋白5个、柠檬汁1小匙、细砂糖40g

d. 在蛋糕表面划线与烘烤磅蛋糕时在中央划线的原理相同，可以使蛋糕膨胀、裂缝比较均匀，若嫌麻烦直接省略此步骤。

Green Tea Chiffon Cake with Fruit

抹茶鲜果夹心蛋糕

　　有没有那种忽然很想吃甜食的经历？或是临时有朋友来访，在冰箱、柜子里翻翻找找，竟然都没有存货，又不想大费周章出门买，那就自己动手吧！仅仅几样材料，搭配家里的新鲜水果，只要30分钟就有五星级甜点可以享用。

　　蛋糕中添加了抹茶粉，微微茶香飘出，有着淡淡的清爽优雅的日式风情。

Baking Points

分量：3人食用

烘烤温度：170℃

烘烤时间：12～14min

❀ 材 料

A. 抹茶蛋糕

a. 面糊：
蛋黄1个　低筋面粉35g　抹茶粉1小匙
无盐奶油（或任何植物油）10g
糖粉适量（撒在表面）

b. 蛋白霜：
蛋白1个　柠檬汁1/4小匙　细砂糖25g

B. 内馅

a. 鲜奶油：
细砂糖5g　动物性鲜奶油50g

b. 新鲜草莓7～8个

☀ 准备工作

1. 将所有材料称量好，鸡蛋必须是冰的。

2. 将蛋黄、蛋白分开（蛋白不可以沾到蛋黄、水分及油脂）。分好后，蛋白请先放入冰箱备用。

3. 将低筋面粉与抹茶粉用过滤筛网过筛。〔图1〕

4. 将无盐奶油放入微波炉加热10～15s，或隔水加热熔化成液状。〔图2〕

5. 给烤盘铺上一层烤焙纸。

☀ 做法

1. 将蛋白先用电动打蛋器打出一些泡沫，然后加入柠檬汁及细砂糖（分两次加入），打成提起时尾端挺立的蛋白霜（干性发泡）。〔图3～图5〕

2. 将蛋黄加入混合均匀。〔图6〕

3. 将过筛的粉类分两次加入，用橡皮刮刀以切拌的方式混合均匀。〔图7～图9〕

4. 最后将熔化的无盐奶油加入，用橡皮刮刀以切拌的方式混合均匀。〔图10～图12〕

 Carol's Memo

5. 将面糊装入挤花袋中，使用1cm的圆形挤花嘴。〔图13、图14〕

6. 在烤焙纸上间隔整齐地挤出6个圆形。〔图15〕

7. 表面撒上一层糖粉。〔图16〕

水果都可以依照自己的喜好变化，香蕉、水蜜桃或蓝莓等都可以。

8. 放入已经预热至170℃的烤箱中，烘烤12～14min。〔图17〕

9. 烤好后将烤焙纸移出烤盘。

10. 完全凉透后将烤焙纸撕开。〔图18〕

11. 在一片蛋糕中间挤上适量打发的鲜奶油，放上新鲜草莓，盖上另一片蛋糕即可。〔图19〕

Chocolate Cake

镜面巧克力蛋糕

因为有你，人生变得更完整。因为有你，我才能在自己喜欢的事情上努力。你的温暖让我安心，你的守护我要好好收藏。我们并肩在一起，就有了加倍的力量。亲爱的老公，生日快乐!

Baking Points

分量：**1个**（6英寸烤模）

烘烤温度：**160℃**

烘烤时间：**32~35min**

◎ 材料

A. 巧克力鲜奶油
  动物性鲜奶油（乳脂肪含量35%）200g
  白兰地1/2大匙（不喜欢可以省略）
  巧克力砖120g

B. 巧克力戚风蛋糕

a. 面糊：
  蛋黄3个 细砂糖15g 牛奶30mL
  橄榄油（或其他植物油）20g
  低筋面粉35g 无糖纯可可粉20g

b. 蛋白霜：
  蛋白3个 柠檬汁1/2小匙 细砂糖35g

C. 镜面巧克力淋酱
  明胶片4g 无糖纯可可粉30g
  动物性鲜奶油80mL 冷开水80mL 细砂糖50g

D. 装饰巧克力片
  苦甜巧克力砖50g

A

B

☺ 准备工作

1. 将所有材料称量好。

2. 将鸡蛋从冰箱中取出，将蛋黄、蛋白分开，蛋白不可以沾到蛋黄、水分及油脂（建议分鸡蛋的时候都先分在一个小碗中，确定蛋白没有沾到蛋黄再放入钢盆中，不然只要一个蛋白沾到蛋黄，全部的蛋白就打不起来了）。〔图1〕

3. 将低筋面粉与无糖纯可可粉用过滤筛网过筛。〔图2〕

☺ 做法

A 制作巧克力鲜奶油

1. 请参考42页巧克力鲜奶油的做法制作，完成后放入冰箱冷藏至少1h备用。

B 制作巧克力戚风蛋糕

2. 将蛋黄与细砂糖用打蛋器搅拌均匀。〔图3〕

3. 将橄榄油加入搅拌均匀。〔图4〕

4. 将过筛的粉类与牛奶分两次交替混入，搅拌均匀成无粉粒的面糊。〔图5、图6〕

5. 将蛋白先用电动打蛋器打出一些泡沫，然后加入柠檬汁及细砂糖（分两次加入），打成提起时尾端挺立的蛋白霜（干性发泡）。〔图7〕

6. 挖1/3分量的蛋白霜混入蛋黄面糊中，用橡皮刮刀沿着盆边以翻转及切拌的方式搅拌均匀。〔图8〕

7. 再将拌匀的面糊倒入剩下的蛋白霜中。〔图9〕

8. 将面糊用橡皮刮刀以由下而上翻转的方式混合均匀。〔图10、图11〕

9. 将面糊倒入烤模中，进烤箱前，在桌上轻敲几下以敲出较大的气泡。放入已经预热至160℃的烤箱中，烘烤32～35min。〔图12、图13〕

10. 烤好后马上倒扣放凉。

11. 完全凉透后，用扁平的小刀沿着边缘刮一圈脱模，中央部位及底部也用小刀贴着刮一圈脱模。〔图14〕

12. 用手将蛋糕表面的碎屑拍干净。〔图15〕

13. 一手轻轻压着蛋糕表面，用一把长而薄的锯齿刀将表面不平整的部分切掉，再将蛋糕横切成3等份备用。〔图16、图17〕

14. 将蛋糕片放在盘子中，铺上适量的巧克力鲜奶油抹平。〔图18〕

15. 然后盖上另一片蛋糕，用同样的方式做完两个夹层。〔图19〕

16. 将最后一片蛋糕放上，用手在蛋糕上压一压，使蛋糕均匀、紧密。〔图20〕

17. 用抹刀将巧克力鲜奶油抹在蛋糕上，表面及周围尽量整平。〔图21〕

18. 完成的蛋糕放入冰箱冷藏3~4h。

C 制作镜面巧克力淋酱并浇淋

19. 将明胶片泡入冰水约5min软化（泡的时候不要重叠放置，且要完全压入水里）。〔图22〕

20. 将无糖纯可可粉用过滤筛网过筛。〔图23〕

21. 将动物性鲜奶油稍微加热至体温的程度。

22. 将冷开水与细砂糖混合均匀，加热至细砂糖溶化后离火。

23. 然后将过筛的无糖纯可可粉倒入搅拌均匀。〔图24、图25〕

24. 再将软化的明胶片捞起，将水分挤干加入，混合均匀。〔图26〕

25. 最后将动物性鲜奶油加入混合均匀。〔图27、图28〕

26. 准备一盆冰块水，将盛有巧克力淋酱的盆子放到冰块水中。〔图29〕

27. 不停地搅拌，使巧克力淋酱降温并且变得较浓稠，然后离开冰块水（不可以太稀或太浓稠，浓稠度类似未打发的动物性鲜奶油）。

28. 将冷藏好的蛋糕从冰箱中取出。用蛋糕铲辅助，将蛋糕移到铁网架上，底下垫一个盘子。（图30）

29. 将镜面巧克力淋酱从蛋糕上方缓慢淋下，包覆整个蛋糕体。（图31、图32）

30. 周围不平整处用抹刀快速整平（不可以一直重复抹，否则会造成表面粗糙）。（图33）

31. 放入冰箱冷藏1h至巧克力淋酱凝固。（图34）

D 制作装饰巧克力片

32. 将苦甜巧克力砖用刀切碎。（图35）

33. 找一个比搅拌用钢盆稍微大一些的钢盆装上水，煮至50℃。

34. 将装有巧克力碎的钢盆放在已经煮至50℃的热水中，用隔水加热的方式加热至巧克力熔化，然后离开热水。
（图36～图38）

35. 将巧克力酱倒在透明塑料片（赛璐珞片）上。（图39）

36. 用抹刀迅速将巧克力酱抹平。（图40）

37. 将塑料片放入冰箱冷藏3～5min后取出。（图41）

38. 将巧克力片从塑料片上剥下。

39. 直接用手将冰硬的巧克力片折成不规则的片状。（图42）

40. 将冷藏至表面凝固的蛋糕从冰箱中取出。

41. 用蛋糕铲辅助，将蛋糕移到适当的盘子中。（图43）

42. 将不规则的巧克力片贴在蛋糕周围。（图44、图45）

43. 表面装饰上自己喜爱的水果即可。

Carol's Memo

a. 巧克力砖可以选择自己喜欢的
口味。

b. 透明塑料片（赛璐珞片）可以
到文具店购买。

Strawberry Pudding Roll Cake

布丁草莓卷

出门上课是厨房的延伸，一个人做到与同学们一块动手操作，从平面教学延伸成为实体课程，这样的心情与感受又是完全不同的。虽然大家工作不同、年龄不同，却有着共同的兴趣，一群人在教室找到共同的话题，遇到问题也马上相互讨论，过程中总是热闹又有趣。虽然这3小时中面粉满身，双手沾满材料，但最后成品出炉总是引起一阵欢呼，成就感满满地挂在大家的脸上，这也是我最开心的时候！

湿润的烫面蛋糕包覆着滑嫩可口的鸡蛋布丁，每一口都是甜蜜，还有什么是比这更高的享受。谢谢你们一直在身边陪伴，我的厨房才能够一直和大家分享，小小的世界传递出大大的幸福！

Baking Points

分量：1个（42cm×30cm的平板蛋糕烤盘）

焦糖香草鸡蛋布丁

烘烤温度：150℃

烘烤时间：30min

香草戚风蛋糕

烘烤温度：170℃

烘烤时间：13～15min

❂ 材 料

A. 焦糖香草鸡蛋布丁（8cmx17cmx6cm的长方形烤模）

a. 焦糖液

　　冷开水15mL　细砂糖50g　热水30mL（图A）

b. 牛奶蛋液：

　　香草荚1/3根　牛奶350mL　细砂糖50g　鸡蛋2个（净重约110g）

　　蛋黄1个　动物性鲜奶油50g（图B）

B. 鲜奶油夹馅

　　动物性鲜奶油250g　细砂糖25g　朗姆酒1小匙（图C）

C. 香草戚风蛋糕

a. 面糊：

　　香草荚1/4根　牛奶130mL　无盐奶油30g　细砂糖40g

　　低筋面粉100g　鸡蛋1个　蛋黄5个（图D）

b. 蛋白霜：

　　蛋白5个　柠檬汁1小匙　细砂糖60g

C. 夹层

　　草莓适量

A　　　　　　　　B

C　　　　　　　　D

❂ 准备工作

1. 将所有材料称量好，鸡蛋必须是冰的。

2. 将蛋黄、蛋白分开（蛋白不可以沾到蛋黄、水分及油脂）。（图1）

3. 将低筋面粉用过滤筛网过筛。（图2）

4. 烤盘中铺上一层烤焙纸。（图3）

5. 在开始打蛋白霜时，打开烤箱预热至170℃。

❂ 做法

A 制作焦糖香草鸡蛋布丁

1. 将冷开水及细砂糖放入钢盆中。（图4）

2. 轻轻摇晃一下钢盆，使细砂糖与冷开水混合均匀。（图5）

3. 开小火煮糖液，一开始不要搅拌（搅拌了糖会煮不溶）。（图6、图7）

4. 当糖液开始变成咖啡色后，用木匙轻轻搅拌均匀。（图8）

5. 煮到呈深咖啡色后马上关火。

6. 将焦糖液均匀倒入烤模中，使烤模底均匀布满一层焦糖液。（图9）

7. 将香草荚横剖开，用小刀将其中的黑色香草子刮下来。（图10）

8. 将牛奶、动物性鲜奶油、细砂糖、香草荚与香草子放入锅中加热，煮至细砂糖溶化后关火。（图11）

9. 将鸡蛋与蛋黄用打蛋器打散。（图12）

10. 将微温的牛奶混合液一点一点加入，一边加入一边搅拌。（图13）

11. 将搅拌均匀的鸡蛋牛奶液用过滤筛网过滤。（图14）

12. 倒入烤模中，放入已经预热至150℃的烤箱中烘烤30min。（图15）

13. 完全凉透之后，用一把小刀沿着烤模边缘划一圈脱模，放入冰箱冷藏备用。（图16、图17）

B 制作鲜奶油夹馅

14. 做法请参考40页鲜奶油打发，完成后放入冰箱冷藏备用。（图18、图19）

C 制作香草戚风蛋糕并组合

15. 将香草荚横剖开，用小刀将其中的黑色香草子刮下来。

16. 将牛奶、无盐奶油、香草子、细砂糖放入锅中，以小火煮至沸腾。（图20）

17. 将过筛的低筋面粉一口气倒入，用木匙快速搅拌。（图21、图22）

18. 搅拌到面粉完全成团且不粘锅即关火（煮沸后马上转小火，倒入面粉后火还不要关，搅拌到面粉变得有一点透明且不粘锅才能关火）。（图23）

19. 然后将蛋黄、鸡蛋一个一个加入混合均匀，至面糊舀起时呈倒三角形缓慢流下的程度（若鸡蛋、蛋黄都加完没有达到上述状态，请再添加一些全蛋液。每加入一个蛋黄必须搅拌均匀才能加下一个）。（图24～图26）

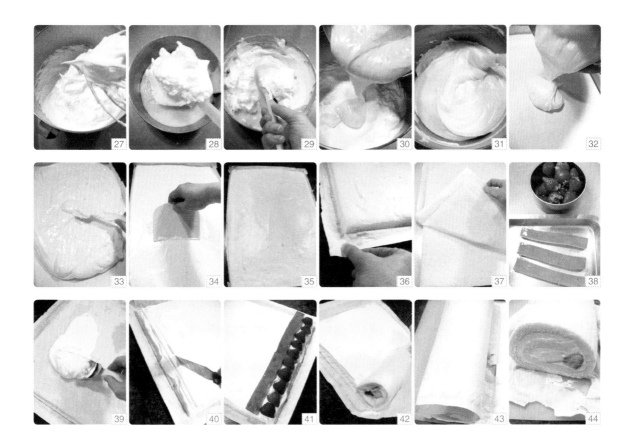

20. 将蛋白先用电动打蛋器打出一些泡沫，然后加入柠檬汁及细砂糖（分两次加入），打成提起时尾端挺立的蛋白霜（干性发泡）。（图27）

21. 舀1/3分量的蛋白霜混入蛋黄面糊中，用橡皮刮刀以切拌的方式混合均匀。（图28、图29）

22. 再将拌匀的面糊倒入剩下的蛋白霜中，以切拌的方式混合均匀。（图30、图31）

23. 将面糊倒在烤盘中，用刮板抹平整。（图32 ~ 图34）

24. 进烤箱前，在桌上轻敲几下以敲出较大的气泡。

25. 放入已经预热至170℃的烤箱中烘烤13 ~ 15min。（图35）

26. 烤好后移到桌上，将四周的烤焙纸撕开放凉（蛋糕一定要移出烤盘，以免烤盘余温将蛋糕焖至干硬）。（图36）

27. 完全放凉后，将蛋糕翻过来，底部的烤焙纸撕开。（图37）

28. 将布丁切成条状，草莓洗净去蒂。（图38）

29. 底部垫着撕下来的烤焙纸，烤面朝上。

30. 将鲜奶油夹馅适量、均匀地涂抹在蛋糕表面。（图39）

31. 在蛋糕开始卷起处，用刀切三四条不切到底的线条（这样卷的时候中心不容易裂开）。（图40）

32. 将布丁及草莓整齐地排在蛋糕开始卷起处。（图41）

33. 由自己身体这一侧紧密地将蛋糕往外卷。（图42）

34. 最后用烤焙纸将整条蛋糕卷起，蛋糕收口朝下，用塑料袋装起来，放入冰箱冷藏5 ~ 6h定型，再取出切片。（图43、图44）

红薯蛋糕卷

红薯是很适合现代人多吃的食品，除了富含维生素C，也有非常多的膳食纤维可以清除体内废物，是我的厨房常备的食材之一。

将极富营养的红薯加入甜点中，自然的橙黄色让成品颜色漂亮又健康，亲手做的点心给亲爱的家人，好吃且又是无负担的享受。

Baking Points

分量：1个（42cm×30cm的平板蛋糕烤盘）

烘烤温度：170℃

烘烤时间：13～15min

❀ 材 料

A. 打发鲜奶油内馅

　　动物性鲜奶油300g　细砂糖30g

B. 奶油红薯馅（图A）

　　红薯450g　细砂糖50g　蛋黄1个

　　动物性鲜奶油40g　无盐奶油40g

　　朗姆酒1/2小匙

C. 蔓越莓红薯蛋糕（图B）

a. 面糊：

　　蛋黄5个　蜂蜜1大匙　植物油40g

　　红薯泥75g　米粉30g　低筋面粉70g

　　牛奶45g　蔓越莓果干30g

b. 蛋白霜：

　　蛋白5个　柠檬汁1小匙　细砂糖50g

A

B

✿ 准备工作

1. 将所有材料称量好，鸡蛋使用冰的。
2. 将蛋黄、蛋白分开（蛋白不可以沾到蛋黄、水分及油脂）。分好后，蛋白请先放入冰箱备用。〔图1〕
3. 将低筋面粉与米粉混合均匀，用过滤筛网过筛。〔图2〕
4. 烤盘中铺上烤焙纸。〔图3〕
5. 将蔓越莓果干切碎，均匀地撒在铺好烤焙纸的烤盘中。〔图4、图5〕
6. 在开始打蛋白霜时，打开烤箱预热至170℃。

✿ 做法

A 制作打发鲜奶油内馅

1. 做法请参考40页鲜奶油打发，完成后放入冰箱冷藏备用。

B 制作奶油红薯馅

2. 将红薯去皮，切成块状。〔图6〕
3. 放入电饭锅或蒸笼中蒸至软烂（筷子可以轻易插入的程度）。〔图7〕
4. 蒸好后将盘子中多余的水分倒掉，趁热用叉子将红薯压成泥状。〔图8〕
5. 将压成泥状的红薯用过滤筛网过筛。〔图9、图10〕
6. 过筛的红薯泥取75g，留着用来制作蛋糕卷。
7. 将红薯泥放入炒锅中，然后加入细砂糖拌炒均匀。〔图11〕

8. 再将蛋黄、动物性鲜奶油、无盐奶油和朗姆酒加入，以小火不停拌炒，直到全部红薯泥可以成为一个不粘锅的团，即可盛起放凉（要有耐心，需10min以上，必须不停地拌炒以免焦底）。（图12~图15）

9. 若短时间不使用，可以放入冰箱冷冻保存。

C 制作蔓越莓红薯蛋糕

10. 将蛋黄与蜂蜜用打蛋器搅拌均匀。（图16）

11. 分别将植物油及红薯泥加入，搅拌均匀。（图17~图19）

12. 将过筛的粉类与牛奶分两次交替混入，搅拌均匀成无粉粒的面糊（不要过度搅拌，以免面粉产生筋性，影响膨胀）。（图20~图22）

13. 将蛋白先用电动打蛋器打出一些泡沫，然后加入柠檬汁及细砂糖（分两次加入），打成提起时尾端挺立的蛋白霜（干性发泡）。（图23）

14. 挖1/3分量的蛋白霜混入蛋黄面糊中，用橡皮刮刀沿着盆边以翻转及画圈的方式搅拌均匀。（图24、图25）

15. 再将拌匀的面糊倒入剩下的蛋白霜中。（图26）

16. 将面糊用橡皮刮刀以由下而上翻转的方式混合均匀（完成的面糊是非常浓稠且不太流动的状态）。（图27、图28）

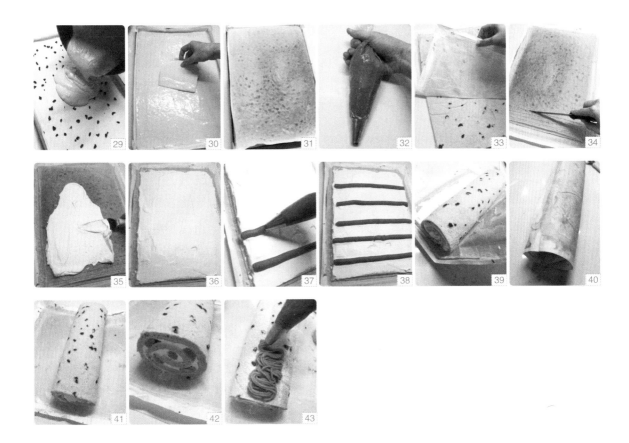

17. 将面糊倒入撒有蔓越莓果干碎的烤盘中，用刮板抹平整。进烤箱前，在桌上轻敲几下以敲出较大的气泡。放入已经预热至170℃的烤箱中，烘烤13～15min（时间到后用手轻拍一下蛋糕上方，如果感觉有沙沙的声音就是烤好了）。（图29、图30）

18. 烤好后移到桌上，将四周的烤焙纸撕开，放凉（蛋糕一定要移出烤盘，以免烤盘余温将蛋糕焖至干硬）。（图31）

D 装饰组合

19. 将事先炒制完成并放凉的奶油红薯馅装入挤花袋中，使用1cm的圆孔挤花嘴。（图32）

20. 完全放凉后，将蛋糕翻过来，底部的烤焙纸撕开。（图33）

21. 底部垫着撕下来的烤焙纸，烤面朝上。

22. 在蛋糕开始卷起处，用刀切三四条不切到底的线条（这样卷的时候中心不容易裂开）（图34）。

23. 将打发鲜奶油内馅适量、均匀地涂抹在蛋糕表面。（图35、图36）

24. 再将奶油红薯馅间隔整齐地挤在鲜奶油内馅上。（图37、图38）

25. 由自己身体这一侧紧密地将蛋糕往外卷。（图39）

26. 最后用烤焙纸将整条蛋糕卷起，蛋糕收口朝下，用塑料袋装起，放入冰箱冷藏2～3h定型，再取出。（图40～图42）

27. 将剩下的奶油红薯馅使用蒙布朗专用条状挤花嘴在蛋糕卷上方挤出条状装饰即可。（图43）

Layer Roll Cake
双色蛋糕卷

蛋糕卷是最好的伴手礼，烘烤时间短，加上内馅千变万化，适合大人与小孩。只要家中有烤箱，多练习几次就可以顺利操作，是性价比非常高的甜点。将面糊用类似泡芙的制作方式完成，面粉没有了筋性，蛋糕组织更松软绵密。

一次想吃到两种口味，试试这款双色蛋糕卷，成品好看又好吃，内馅是甜蜜的全蛋奶油霜，给你满满的幸福感！

Baking Points

🍴 分量：**1个**（42cm×30cm的平板蛋糕烤盘）

🍞 烘烤温度：**170℃**

🕐 烘烤时间：**13～15min**

❖ 材 料

A. 烫面双色蛋糕

a. **面糊**：
　　牛奶100mL 细砂糖30g 低筋面粉100g
　　橄榄油（或其他植物油）60g
　　蛋黄5个 鸡蛋1个 无糖纯可可粉10g

b. **蛋白霜**：
　　蛋白5个 柠檬汁1小匙 细砂糖60g

B. 蛋糕夹馅
　　鸡蛋1个 无盐奶油80g 细砂糖40g
　　香草荚1/4根
　　（做法请参考44页全蛋奶油霜）

◎ 准备工作

1. 将所有材料称量好，鸡蛋必须是冰的。
2. 将蛋黄、蛋白分开（蛋白不可以沾到蛋黄、水分及油脂）。分好后，蛋白请先放入冰箱备用。〔图1、图2〕
3. 将低筋面粉及无糖纯可可粉分别用过滤筛网过筛。〔图3、图4〕
4. 烤盘中铺上一层烤焙纸。〔图5〕
5. 在开始打蛋白霜时，打开烤箱预热至170℃。

   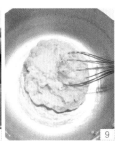

◎ 做法

1. 将牛奶、橄榄油及细砂糖放入锅中，以小火煮至沸腾。〔图6〕
2. 将过筛的低筋面粉一口气倒入，快速搅拌均匀。〔图7〕
3. 搅拌到面粉完全成团且不粘锅即关火（煮沸后马上转小火，倒入面粉后火还不要关，搅拌到面粉变得有一点透明且不粘锅才能关火）。〔图8、图9〕

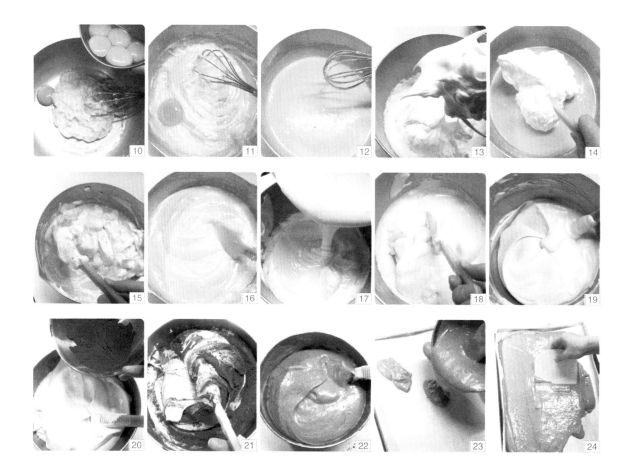

4. 然后依次将5个蛋黄及1个鸡蛋一个一个加入，混合均匀。﹝图10﹞

5. 每加入一个蛋黄必须搅拌均匀后再加入下一个。﹝图11、图12﹞

6. 将蛋白先用电动打蛋器打出一些泡沫，然后加入柠檬汁及细砂糖（分两次加入），打
   成提起时尾端挺立的蛋白霜（干性发泡）。﹝图13﹞

7. 舀1/3分量的蛋白霜混入蛋黄面糊中，用橡皮刮刀以切拌的方式混合均匀。﹝图14~图16﹞

8. 再将拌匀的面糊倒入剩下的蛋白霜中，以切拌的方式混合均匀。﹝图17~图19﹞

9. 将面糊倒出一半，将无糖纯可可粉加入，以切拌的方式混合均匀成巧克力面糊。﹝图
   20~图22﹞

10. 将巧克力面糊倒入铺有烤焙纸的烤盘中，用刮板抹平整。﹝图23、图24﹞

11. 再将原味面糊倒在巧克力面糊上方，用刮板抹平整。（图25、图26）

12. 进烤箱前，在桌上轻敲几下，敲出较大的气泡。（图27）

13. 放入已经预热至170℃的烤箱中，烘烤13～15min。

14. 烤好后移到桌上，将四周的烤焙纸撕开，放凉（蛋糕一定要移出烤盘，以免烤盘余温将蛋糕焖至干硬）。（图28）

15. 完全放凉后，将蛋糕翻过来，底部的烤焙纸撕开。（图29）

16. 底部垫着撕下来的烤焙纸，烤面朝上。

17. 在蛋糕开始卷起处，用刀切三四条不切到底的线条（这样卷的时候中心不容易裂开）。（图30）

18. 将蛋糕夹馅适量、均匀地涂抹在蛋糕表面。（图31、图32）

19. 由自己身体这一侧紧密地将蛋糕往外卷。（图33～图35）

20. 最后用烤焙纸将整条蛋糕卷起，蛋糕收口朝下，用塑料袋装起，放入冰箱冷藏2～3h定型，再取出切片。（图36、图37）

Green Tea Roll Cake

抹茶红豆蛋糕卷

这一场雨已经持续了一个多星期，天空灰蒙蒙的没有生气。我趴在窗台上，看着雨水从玻璃上滑落，盼望太阳早日露脸。但是翻着气象预告，这样的天气竟然还要持续一个星期以上。虽然没有阳光，但所有作息都必须照常，一点儿也不能偷懒，我还是要保持愉快心情面对每一天。

放假日全家都在，我习惯做个甜点给大家甜甜嘴。在烤箱旁边等待成品出炉时，让厨房有了短暂的阳光。松软的抹茶蛋糕包裹着甜滋滋的蜜红豆，再搭配一壶热茶，日式口味有着淡淡的优雅风情，屋外滴滴答答的雨声似乎也有了另一种气氛。

Baking Points

🍳 分量：**1个**（35cm×24cm的平板蛋糕烤盘）

🧈 烘烤温度：**170℃**

⏲ 烘烤时间：**13～15min**

❀ 材 料

A. 鲜奶油夹馅〔图A〕

　　动物性鲜奶油200g　细砂糖20g
　　蜜红豆粒100g

B. 抹茶蛋糕〔图B〕

a. **面糊**：

　　蛋黄4个　细砂糖20g　植物油30g
　　牛奶40g　低筋面粉50g　米粉20g
　　抹茶粉1大匙

b. **蛋白霜**：

　　蛋白4个　柠檬汁1小匙　细砂糖50g

A

B

◎ 准备工作

1. 将所有材料称量好，鸡蛋使用冰的。

2. 将蛋黄、蛋白分开（蛋白不可以沾到蛋黄、水分及油脂）。分好后，蛋白请先放入冰箱备用。（图1、图2）

3. 将低筋面粉、米粉与抹茶粉混合均匀，用过滤筛网过筛。（图3、图4）

4. 烤盘中铺上烤焙纸。（图5）

5. 在开始打蛋白霜时，打开烤箱预热至170℃。

◎ 做法

A 制作鲜奶油夹馅

1. 原味鲜奶油的做法请参考40页，完成后放入冰箱冷藏备用。（图6－图8）

2. 蜜红豆粒的做法请参考34页，也可以使用市售蜜红豆粒。

B 制作抹茶蛋糕

3. 将蛋黄与细砂糖用打蛋器搅拌均匀。（图9、图10）

4. 将植物油加入搅拌均匀。（图11）

5. 将过筛的粉类与牛奶分两次交替混入，搅拌均匀成无粉粒的面糊（不要过度搅拌，以免面粉产生筋性，影响膨胀）。（图12～图14）

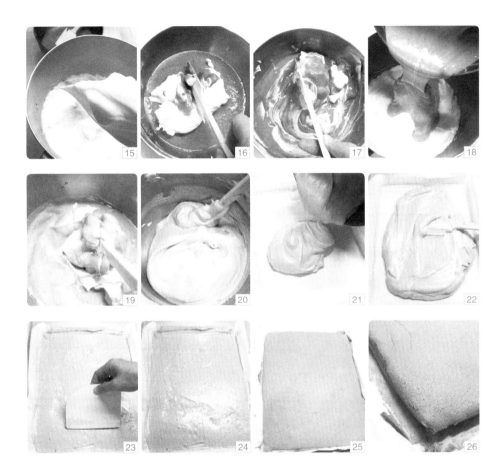

6. 将蛋白先用电动打蛋器打出一些泡沫，然后加入柠檬汁及细砂糖（分两次加入），打成提起时尾端挺立的蛋白霜（干性发泡）。〔图15〕

7. 挖1/3分量的蛋白霜混入蛋黄面糊中，用橡皮刮刀沿着盆边以翻转及切拌的方式搅拌均匀。〔图16、图17〕

8. 再将拌匀的面糊倒入剩下的蛋白霜中。〔图18〕

9. 将面糊用橡皮刮刀以由下而上翻转的方式混合均匀（完成的面糊是非常浓稠且不太流动的状态）。〔图19、图20〕

10. 将面糊倒入铺有烤焙纸的烤盘中，用刮板抹平整。〔图21～图23〕

11. 进烤箱前，在桌上轻敲几下以敲出较大的气泡。〔图24〕

12. 放入已经预热至170℃的烤箱中烘烤13～15min（时间到后，用手轻拍一下蛋糕上方，如果感觉有沙沙的声音就是烤好了）。〔图25〕

13. 烤好后移到桌上，将四周的烤焙纸撕开，放凉（蛋糕一定要移出烤盘，以免烤盘余温将蛋糕焖至干硬）。〔图26〕

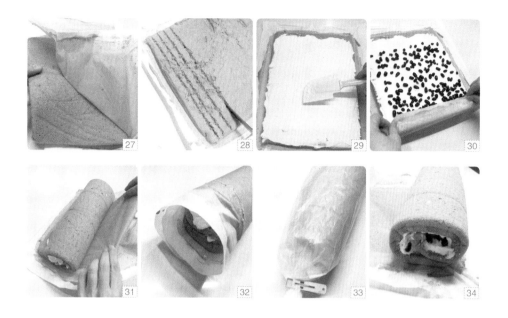

14. 完全放凉后，将蛋糕翻过来，底部的烤焙纸撕开。（图27）

15. 底部垫着撕下来的烤焙纸，烤面朝上。

16. 在蛋糕开始卷起处，用刀切三四条不切到底的线条（这样卷的时候中心不容易裂开）。（图28）

17. 将鲜奶油夹馅适量、均匀地涂抹在蛋糕表面。（图29）

18. 再将蜜红豆粒均匀地撒上。（图30）

19. 由自己身体这一侧紧密地将蛋糕往外卷。（图31、图32）

20. 最后用烤焙纸将整条蛋糕卷起，蛋糕收口朝下，用塑料袋装好，放入冰箱冷藏5～6h定型，再取出切片。（图33、图34）

Carol's Memo
———

a. 米粉可以用低筋面粉代替。

b. 若用尺寸为42cm×30cm的大烤盘，材料的分量如下：

　　面糊：蛋黄5个、细砂糖25g、植物油35g、牛奶50g、低筋面粉62g、米粉25g、抹茶粉2大匙

　　蛋白霜：蛋白5个、柠檬汁1小匙、细砂糖60g

　　鲜奶油夹馅：动物性鲜奶油250g、细砂糖25g、蜜红豆粒125g

Chocolate Coffee Roll Cake

咖啡巧克力蛋糕卷

起个大早，很难得的机会跟老公一块到台中与好朋友聚会，一伙人在小巧精致的日本料理店度过了一段愉快的中午时光。单纯又真诚的友谊在小店蔓延，精致可口的各式寿司满足了每一个人。回去的时候，我的双手拎着礼物，满满的收获。虽然台中下着雨，但我的心中有温暖的太阳。

咖啡与巧克力的相遇，就像天雷勾动地火，甜蜜的日子，别忘了给最爱的他一份甜蜜的礼物。

Baking Points

 分量：**1个**（42cm×30cm的平板蛋糕烤盘）

 烘烤温度：**170℃**

 烘烤时间：**13～15min**

● 材料

A. 咖啡蛋糕

a. **面糊**：
蛋黄5个　细砂糖20g　水或牛奶100mL
橄榄油（或其他植物油）40g
低筋面粉70g　玉米淀粉20g
速溶咖啡粉1大匙　热水10mL
卡鲁哇香甜咖啡酒1小匙

b. **蛋白霜**：
蛋白5个　柠檬汁1小匙　细砂糖60g

B. 巧克力鲜奶油内馅
巧克力砖150g　动物性鲜奶油300g
（做法请参考42页巧克力鲜奶油）

C. 蛋糕内部巧克力夹馅
巧克力砖70g　动物性鲜奶油50g
（做法请参考43页巧克力酱）

● 准备工作

1. 将所有材料称量好，鸡蛋必须是冰的。
2. 将蛋黄、蛋白分开（蛋白不可以沾到蛋黄、水分及油脂）。分好后，蛋白请先放入冰箱备用。〔图1、图2〕
3. 将速溶咖啡粉与热水混合均匀，放凉备用。〔图3、图4〕
4. 将低筋面粉与玉米淀粉用过滤筛网过筛。〔图5〕
5. 烤盘中铺上一层烤焙纸。〔图6〕
6. 在开始打蛋白霜时，打开烤箱预热至170℃。

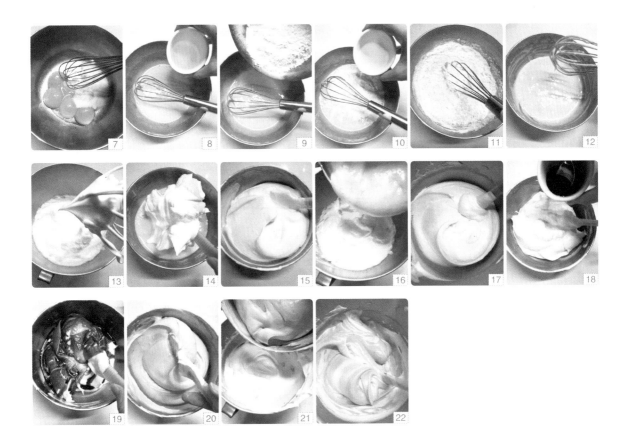

✿ 做法

1. 将蛋黄与细砂糖用打蛋器搅拌均匀。（图7）

2. 再加入橄榄油搅拌均匀。（图8）

3. 将过筛的粉类与水或牛奶分两次交替混入，搅拌均匀成无粉粒的面糊。（图9～图12）

4. 将蛋白先用电动打蛋器打出一些泡沫，然后加入柠檬汁及细砂糖（分两次加入），打成提起时尾端挺立的蛋白霜（干性发泡）。（图13）

5. 挖1/3分量的蛋白霜混入蛋黄面糊中，用橡皮刮刀以切拌的方式混合均匀。（图14、图15）

6. 再将拌匀的面糊倒入剩下的蛋白霜中，以切拌的方式混合均匀。（图16、图17）

7. 面糊倒出一半，将咖啡液及卡鲁哇香甜咖啡酒加入，以切拌的方式混合均匀成咖啡面糊。（图18～图20）

8. 将咖啡面糊倒入原味面糊中，快速搅拌几下成为混合面糊。（图21、图22）

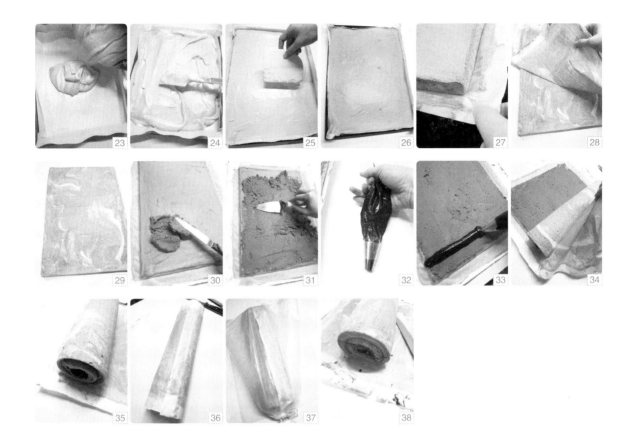

9. 将面糊倒入铺有烤焙纸的烤盘中，用刮板抹平整。〔图23～图25〕

10. 进烤箱前，在桌上轻敲几下以敲出较大的气泡。

11. 放入已经预热至170℃的烤箱中，烘烤13～15min。〔图26〕

12. 烤好后移到桌上，将四周的烤焙纸撕开，放凉（蛋糕一定要移出烤盘，以免烤盘余温将蛋糕焖至干硬）。〔图27〕

13. 完全放凉后，将蛋糕翻过来，底部的烤焙纸撕开。〔图28〕

14. 底部垫着撕下来的烤焙纸，烤面朝上。〔图29〕

15. 将巧克力鲜奶油内馅适量、均匀地涂抹在蛋糕表面。〔图30、图31〕

16. 将蛋糕内部巧克力夹馅装入挤花袋中，使用1cm的圆形挤花嘴。〔图32〕

17. 在蛋糕开始卷起处挤出一道巧克力夹馅条。〔图33〕

18. 由自己身体这一侧紧密地将蛋糕往外卷。〔图34、图35〕

19. 最后用烤焙纸将整条蛋糕卷起，蛋糕收口朝下，用塑料袋装起，放入冰箱冷藏2～3h定型，再取出切片（在蛋糕开始卷起处，用刀切三四条不切到底的线条，这样卷的时候中心不容易裂开）。〔图36～图38〕

图案巧克力蛋糕卷

镜子中的自己，白头发似乎又增加了。时间一点点流逝，我又老了一岁。

这一年，家人都健健康康，日子虽然平凡却很满足。身边有双大手随时呵护，给我一个安全的堡垒。就算偶尔有些小小的不愉快，也只是自寻烦恼，睡一个好觉又是晴空万里。

许下生日愿望，盼望能够一一实现。未来的日子里，还会发生很多不同的事，我也会拥有更多不同的体验。艳阳天，阴雨天，彩虹天，天天都值得珍惜。

谢谢上天给我的好运，生日快乐，给自己！

Baking Points

 分量：**1个**（35cm×24cm的平板蛋糕烤盘）

 烘烤温度：**170℃**

 烘烤时间：**15min**

❁ 材 料

A. 面糊

蛋白5个 柠檬汁1/2小匙
细砂糖70g 蛋黄5个
香草酒1/4小匙 低筋面粉50g
无糖纯可可粉10g

B. 内馅

a. 蛋白1个（33~35g） 细砂糖30g
　 冷开水15g 无盐奶油75g
　 （做法请参考45页意大利奶油蛋白
　 霜）

b. 杏仁粒50g

❁ 准备工作

1. 将所有材料称量好，鸡蛋必须是冰的。

2. 将蛋黄、蛋白分开（蛋白不可以沾到蛋黄、水分及油脂）。分好后，蛋白请先放入冰箱备用。（图1、图2）

3. 将低筋面粉及无糖纯可可粉分别用过滤筛网过筛。（图3、图4）

4. 将杏仁粒放入已经预热至150℃的烤箱中烘烤4~5min取出，放凉备用。（图5）

5. 烤盘中铺上一层烤焙纸。（图6）

6. 在开始打蛋白霜时，打开烤箱预热至170℃。

❁ 做法

1. 将蛋白先用电动打蛋器打出一些泡沫，然后加入柠檬汁及细砂糖（分两次加入），打成提起时尾端挺立的蛋白霜（干性发泡）。（图7、图8）

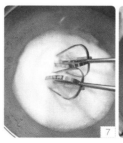 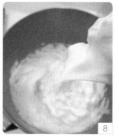

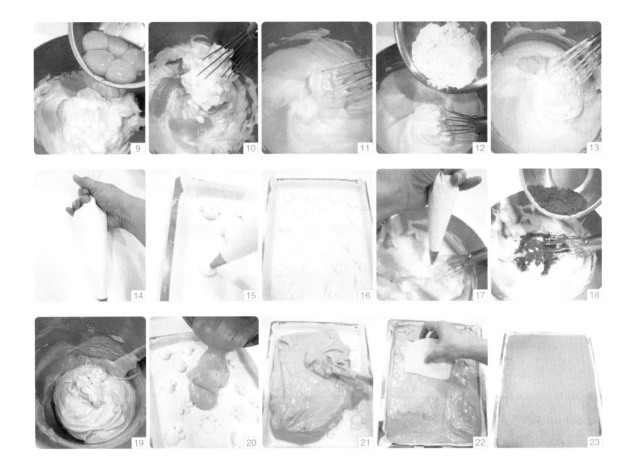

2. 将蛋黄及香草酒加入打发的蛋白霜中，混合均匀。（图9~图11）

3. 将低筋面粉分两次加入，以切拌的方式快速混合均匀。（图12、图13）

4. 舀取一些面糊装入挤花袋中，使用0.5cm的圆形挤花嘴。（图14）

5. 在烤焙纸上挤出自己喜欢的造型。（图15）

6. 放入已经预热至170℃的烤箱中，烘烤2min定型。（图16）

7. 将剩下的面糊挤回原面糊中。（图17）

8. 再将无糖纯可可粉加入，以切拌的方式快速混合均匀。（图18、图19）

9. 将烤盘从烤箱中取出，将巧克力面糊倒入，用刮板抹平整。（图20~图22）

10. 进烤箱前，在桌上轻敲几下以敲出较大的气泡。

11. 放入已经预热至170℃的烤箱中烘烤15min。（图23）

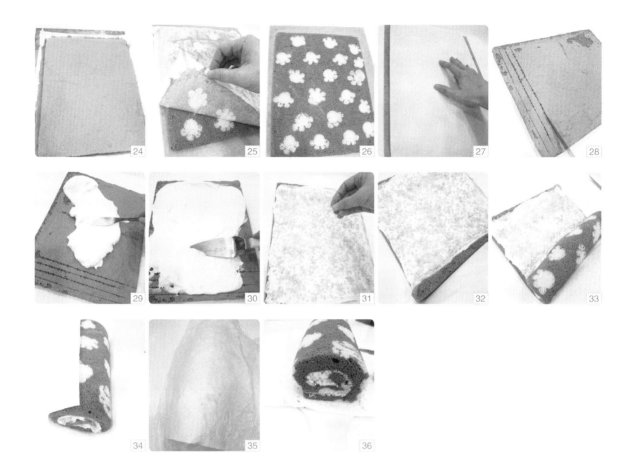

12. 烤好后移到桌上，将四周的烤焙纸撕开，放凉（蛋糕一定要移出烤盘，以免烤盘余温将蛋糕焖至干硬）。（图24）

13. 完全放凉后，将蛋糕翻过来，底部的烤焙纸撕开。（图25、图26）

14. 将表面覆盖上干净的烤焙纸，翻面，烤面朝上。（图27）

15. 在蛋糕开始卷起处，用刀切三四条不切到底的线条（这样卷的时候中心不容易裂开）。（图28）

16. 将内馅均匀地涂抹在蛋糕表面。（图29、图30）

17. 均匀地撒上杏仁粒。（图31）

18. 由自己身体这一侧紧密地将蛋糕往外卷。（图32～图34）

19. 最后用烤焙纸将整条蛋糕卷起，蛋糕收口朝下，用塑料袋装起，放入冰箱冷藏3～4h定型，再取出切片。
（图35、图36）

电饭锅蜂蜜蛋糕

Rice Cooker Honey Cake

很多博友留言：家中没有烤箱，但是也很希望能够做一些甜点。如果厨房有一台电饭锅，那就可以好好利用，享受一下动手做的乐趣。

浓浓的蜂蜜香，细致的蛋糕组织，吃一口嘴角会上扬！

Baking Points

🍳 分量：10人分量的电饭锅（约8英寸）

📦 烘烤温度：按电饭锅设定

⏲ 烘烤时间：50min

◎ 材 料

A. 面糊

蛋黄6个 细砂糖30g 蜂蜜50g 植物油20g 牛奶25g

低筋面粉130g

B. 蛋白霜

蛋白6个 柠檬汁1小匙 细砂糖50g

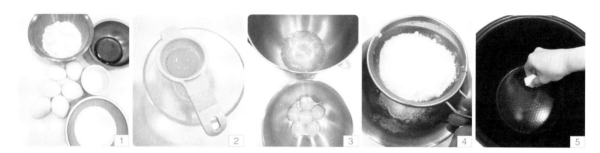

◎ 准备工作

1. 将所有材料称量好（鸡蛋必须是冰的）。〔图1〕

2. 将蛋黄、蛋白分开（蛋白不可以沾到蛋黄、水分及油脂）。〔图2、图3〕

3. 将低筋面粉用过滤筛网过筛。〔图4〕

4. 在电饭锅的内锅中涂抹一层无盐奶油防止黏结。〔图5〕

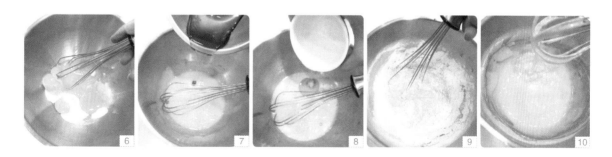

◎ 做法

1. 将蛋黄与细砂糖用打蛋器搅拌均匀。〔图6〕

2. 再将蜂蜜加入，搅打至略微泛白的程度。〔图7〕

3. 将植物油加入搅拌均匀。〔图8〕

4. 将过筛的低筋面粉与牛奶分两次交替加入，混合均匀成无粉粒的面糊（搅拌过程尽量快速，以免面粉产生筋性，影响口感）。〔图9、图10〕

5. 将蛋白先用电动打蛋器打出一些泡沫，然后加入柠檬汁及细砂糖（分两次加入），打成提起时尾端挺立的蛋白霜（干性发泡）。〔图11〕

6. 舀1/3分量的蛋白霜混入蛋黄面糊中，搅拌均匀。〔图12、图13〕

7. 再将拌匀的面糊倒入剩下的蛋白霜中，混合均匀。〔图14～图16〕

8. 将搅拌好的面糊倒入事先涂抹过奶油的电饭锅内锅中，面糊表面用橡皮刮刀抹平整。〔图17、图18〕

9. 进电饭锅前，在桌上敲几下以敲出较大的气泡。

10. 将内锅放入电饭锅中。〔图19〕

11. 使用蛋糕烘烤功能，时间设定为50min，盖上盖子。〔图20〕

12. 时间到后马上将电饭锅的盖子打开。〔图21〕

13. 将内锅取出，马上将蛋糕倒扣出来。〔图22、图23〕

14. 在铁网架上放凉即可。〔图24〕

 Carol's Memo

a. 请特别注意：因为每一种电饭锅的设计不同，不能保证每一款电饭锅都可以如此操作，请按照自家的电饭锅调整。若电饭锅没有蛋糕烘烤功能，请使用标准煮饭功能，时间至少需要45min。若单次煮饭时间不足45min，请在第一次时间到后再重复启动一次。

b. 烘烤时间一到，务必马上开盖，以免水滴将蛋糕浸湿。

Part4 派、挞与其他甜点

酥皮派
Pie

- 肉桂苹果酥 Apple Puff Pastry
- 葡式酥皮蛋挞 Egg Pie
- 美式苹果派 Cinnamon Apple Pie
- 柠檬蛋白派 Lemon Meringue Pie
- 奥地利苹果卷 Apfelstrudel
- 翻转焦糖苹果派 Upside-down Caramel Apple Pie

Apple Puff Pastry

肉桂苹果酥

　　天气很好，跟着猫咪在玻璃屋里晒太阳，什么事都不想做。想泡壶好茶，才发现少一份点心搭配。翻翻冰箱的冷冻室，还有一些自制的千层酥皮，脑中马上想起了Slyen留言想要做的苹果酥。材料刚好都有，让我懒散的心情又有了一些动力。

　　苹果酥出炉的时候，层层叠叠的酥皮香酥可口，肉桂的香味真是诱人。下午茶的时间，有了可口的点心，我们聊得好开心！

Baking Points

🍴 分量：约5个

🔥 烘烤温度：200℃

⏲ 烘烤时间：15～18min

❀ 材料

A. 千层酥皮

　　中筋面粉150g　无盐奶油100g　冰水65mL
　　盐1/3小匙

B. 肉桂苹果内馅

　　苹果2个（去皮去心后约300g）　无盐奶油25g
　　细砂糖30g　柠檬汁1/2大匙
　　肉桂粉1/4小匙

C. 表面装饰
　　全蛋液少许

⚙ 做法

A 制作千层酥皮

1. 做法请参考46页简易千层派皮，完成后放入冰箱冷藏备用。

B 制作肉桂苹果内馅

2. 将苹果去皮去核，切成约0.4cm厚的薄片。〔图1〕
3. 将无盐奶油放入炒锅中熔化，然后将细砂糖均匀撒入奶油中。〔图2〕
4. 不要搅拌细砂糖，稍微晃动一下锅，用小火让糖熔化（搅拌会使细砂糖结成块状）。
5. 细砂糖熔化后，将切片的苹果及柠檬汁放入，开中火，拌炒2~3min。〔图3〕
6. 然后将肉桂粉加入，以小火炒4~5min至苹果软。〔图4〕
7. 将炒好的苹果内馅倒入盘中放凉备用。〔图5〕

C 组合并烘烤

8. 从冰箱中取出酥皮，放置2~3min回温，擀成厚度约0.3cm的片状。〔图6〕
9. 将酥皮切成15cm×15cm的正方形。〔图7〕
10. 酥皮四周刷上一圈全蛋液。〔图8〕
11. 将适量的肉桂苹果内馅放在中央。〔图9〕
12. 然后将酥皮对折，边缘用手捏紧。〔图10〕
13. 用叉子在酥皮开口处压出纹路。〔图11〕
14. 用刀子在酥皮表面划出3条斜线。〔图12〕
15. 将完成的苹果酥间隔整齐地放入烤盘中。
16. 将烤箱预热到200℃。
17. 进烤箱前，在苹果酥表面刷上一层全蛋液。〔图13〕
18. 放入已经预热至200℃的烤箱中，烘烤15~18min至表面呈金黄色即可。〔图14〕
19. 移到铁网架上放凉。〔图15〕

葡式酥皮蛋挞

葡式蛋挞一直是很多人喜欢的点心，热腾腾地出炉，咬上一口，蛋香浓郁，酥皮薄脆，连吃两个都不嫌多。偶尔想吃的时候，冰箱中预先做好的冷冻千层派皮面团就能派上用场，有朋友临时到访就有好吃的点心招待。它也是孩子放学后解馋的小零食。

妈妈的双手可以变出各式各样爱的料理，这么讨人喜欢的甜点，快点找时间动手试试看！

Baking Points

分量：**6个**（3英寸挞模）

千层派皮

烘烤温度：180℃

烘烤时间：12min

酥皮蛋挞

烘烤温度：190℃

烘烤时间：16~18min

❀ 材 料

A. 千层派皮

中筋面粉130g　无盐奶油60g

鸡蛋1个　盐1/4小匙　冰水2大匙

B. 布丁馅

牛奶80g　动物性鲜奶油40g

细砂糖15g　鸡蛋2个

香草酒1/2小匙

❀ 准备工作

1. 烤模中涂抹一层无盐奶油，再撒上一层薄薄的低筋面粉，多余的低筋面粉倒出。（图1、图2）

❀ 做法

A 制作千层派皮

1. 请参考46页简易千层派皮的做法制作面团。

2. 完成的面团用保鲜膜包起，略整成圆形，放入冰箱冷藏3~4h。

3. 将冷藏的面团从冰箱中取出，表面撒上一些中筋面粉。（图3）

4. 擀成厚0.3cm的薄片。（图4、图5）

5. 压出比烤模直径大1cm的派皮。（图6、图7）

6. 放入烤模中整平。（图8、图9）

7. 盖上一张防粘烤焙纸，放上一些耐烤重物，烘烤过程中派皮才会平整（也可以使用黄豆、红豆、绿豆等当作重物，烘烤完可以重复使用）。（图10）

8. 放入已经预热至180℃的烤箱中烘烤12min，再将表面的重物及防粘烤焙纸取出。（图11）

B 制作布丁馅

9. 将牛奶、动物性鲜奶油和细砂糖放入钢盆中混合均匀。（图12）

10. 放在火炉上，用小火边煮边搅拌，煮至细砂糖溶化后关火。（图13）

11. 将鸡蛋放入盆中打散。（图14）

12. 将煮热的牛奶混合液以线状慢慢倒入蛋液中，搅拌均匀。（图15）

13. 加入香草酒搅拌均匀。（图16、图17）

14. 将完成的布丁液用过滤筛网过筛。（图18）

C 组合并烘烤

15. 将完成的布丁液平均倒入派皮中，间隔整齐地放入烤盘。（图19）

16. 放入已经预热至190℃的烤箱中，烘烤16～18min即可。（图20）

Cinnamon Apple Pie

美式苹果派

　　我不是很爱吃水分少的水果，苹果就不是我喜欢的种类。但是如果做成甜点，苹果却是最好的搭配。酸酸甜甜再加上肉桂味，成品香气十足，烘烤的时候整间屋子都充满了幸福的味道。

　　现烤的苹果派，自制派皮酥脆可口，内馅酸香又不甜腻，让我想起多年前在美国游学时尝到的美国妈妈做的家庭滋味。热腾腾切一块回味无穷，属于秋天的滋味！

Baking Points

 分量：**1个**（6英寸派盘）

 烘烤温度：**200℃→180℃**

 烘烤时间：**20min→10min**

⚙ 材 料

A. 千层派皮
中筋面粉120g　无盐奶油90g　冰水55mL
盐1/4小匙

B. 苹果内馅
苹果350g（去皮净重）　无盐奶油15g
细砂糖25g　柠檬汁1/2大匙
肉桂粉1/4小匙　蔓越莓干1大匙

C. 表面涂抹
蛋黄1个　蛋白1/2大匙

✿ 做法

A 制作千层派皮

1. 做法请参考46页简易千层派皮，完成后放入冰箱冷藏备用。

B 制作苹果内馅

2. 将苹果去皮去核，取350g，切成片状。〔图1〕
3. 将无盐奶油放入炒锅中熔化，将苹果片放入拌炒均匀。〔图2〕
4. 再将细砂糖及柠檬汁加入混合均匀。〔图3〕
5. 小火拌炒7～8min至苹果软化、汤汁收干。〔图4〕
6. 最后将肉桂粉加入混合均匀即可。〔图5〕
7. 放凉备用。〔图6〕

C 组合并烘烤

8. 在派盘中涂抹一层固体奶油，再撒上一层薄薄的低筋面粉（分量外），多余的面粉倒出。〔图7、图8〕
9. 在桌上撒上一些中筋面粉，完成的千层派皮面团表面也撒上一些中筋面粉。〔图9〕
10. 用擀面杖慢慢擀压面团，使其成为一块长方形，大小约30cm×25cm。〔图10、图11〕
11. 比派盘的半径多出1.5cm，切出一片面皮。〔图12〕
12. 将面皮铺放在派盘上。〔图13〕
13. 将炒好并放凉的苹果内馅放在派皮中央，均匀撒上蔓越莓干。〔图14〕
14. 剩下的派皮切成宽约1cm的条状。〔图15〕
15. 将条状派皮交错成格子形。〔图16〕

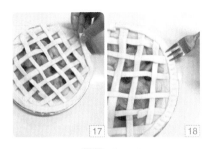

16. 派盘边缘围上一条派皮，用叉子压出饰纹。（图17、图18）
17. 用小刀切出2片叶子派皮做装饰。
18. 在派皮的表面涂抹一层蛋液。（图19）
19. 放入已经预热至200℃的烤箱中烘烤20min。
20. 将温度调整为180℃再烘烤10min，至表面呈金黄色即可。（图20）

Carol's Memo

a. 苹果种类请按照个人喜好选择。
b. 蔓越莓干可以省略或用葡萄干代替。
c. 苹果派表面若上色过快，可以铺一张铝箔纸以免上色太深。
d. 若要做8英寸的苹果派，直接将材料的分量乘以1.8即可。

起司派饼

做完派一定会剩下一些形状不规则的派皮，不要以为这些剩料没有用处，这些派皮一样可以做出好吃的成品。刷上一层蛋液，撒些起司粉，咸咸香香的小饼干好吃得停不下来！

◎ 材 料
剩下的派皮、蛋液、帕梅森起司粉各适量

◎ 做法
1. 在剩下的派皮表面涂抹一层蛋液。（图1）
2. 表面撒上一些帕梅森起司粉。（图2）
3. 用擀面杖稍微擀压一下，切成适合的大小。（图3）
4. 间隔整齐地放入烤盘。（图4）
5. 放入已经预热至190℃的烤箱中，烘烤8～10min至表面呈金黄色即可。（图5）
6. 烤好后取出，完全凉透后密封保存。

Carol's Memo
若喜欢甜的口味，可以将帕梅森起司粉改为细砂糖。

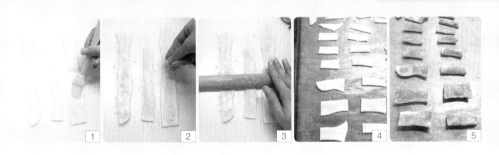

柠檬蛋白派

回想第一次织毛衣是为了送暗恋的同学一份难忘的生日礼物。我买了编织书回家，非常用功地研究，花了一个星期将毛衣赶制出来。虽然这场暗恋无疾而终，但编织却成为我最喜欢的事情。线在手中一寸寸地滑过，棒针一针针细细地织着，烦躁的心情也可以慢慢平复。

床头柜上有一个绒毛玩具，这是陪在我身边最久的一个熊玩偶，它身上穿着的是我5岁时妈妈织给我的第一件毛衣。毛衣质料已经变得粗糙又失去弹性，但我还是好喜欢，觉得毛衣的温度还在，有着母亲细细绵绵的爱！

柠檬是厨房的必备水果，除了榨汁做成饮料、烹调料理，更是甜点中一种非常重要的调味料。它除了可以帮助蛋白霜打发、去除蛋腥味，一些甜腻的点心添加一些柠檬，风味清爽，也增添了自然的香气。

柠檬蛋白派是一款非常适合夏天的美式甜点，餐后来一块，冰冰凉凉的，消暑又解腻。

Baking Points

 分量：**1个**（8英寸派盘）

咸派皮

烘烤温度：180℃

烘烤时间：13～15min

柠檬蛋白派

烘烤温度：190℃

烘烤时间：8～10min

◎ 材料

A. 咸派皮

中筋面粉130g 无盐奶油60g 盐1/4小匙 鸡蛋1个 冰水2大匙
蛋白少许（涂抹表面）〔图A〕

B. 柠檬蛋黄酱

冷开水170mL（分成100mL与70mL） 玉米淀粉25g 蛋黄3个
柠檬皮屑1个的量 细砂糖90g 柠檬汁80mL 无盐奶油30g〔图B〕

C. 法式蛋白霜

蛋白3个 柠檬汁1小匙 细砂糖50g 糖粉少许（撒在表面）〔图C〕

◎ 准备工作

1. 将所有材料称量好，放入冰箱冷藏30min。
2. 将无盐奶油从冰箱中取出，切成小丁。〔图1〕
3. 将中筋面粉用过滤筛网过筛。〔图2〕

◎ 做法

A 制作咸派皮与柠檬蛋黄酱

1. 将中筋面粉放入钢盆中，然后将无盐奶油小丁与盐加入。〔图3〕
2. 将以上材料用手搓成松散的粉状（用手操作要有耐心，奶油丁必须是冰的。也可以用食物搅拌机搅打，将奶油与面粉搓成松散的状态）。〔图4～图6〕
3. 将蛋液与冰水倒入，用手快速混合压捏成一块无粉粒的面团（用手混合的时间尽量短，千万不要搓揉，以免起筋）。〔图7～图9〕
4. 混合完成的面团用保鲜膜包起，略整成圆形，放入冰箱冷藏15～20min。〔图10、图11〕

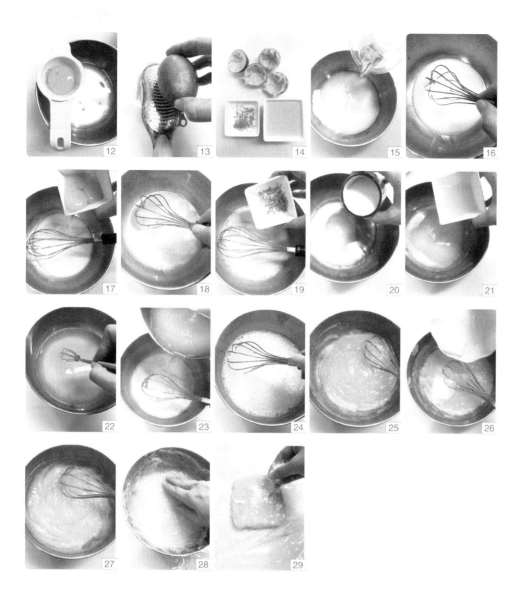

5. 将蛋黄用分蛋器分出来。将柠檬磨出表皮的绿色皮屑，挤出果汁备用。（图12～图14）

6. 将70mL冷开水倒入玉米淀粉中混合均匀，加入蛋黄及柠檬皮屑混合均匀。（图15～图19）

7. 将100mL冷开水、细砂糖、柠檬汁放入盆中煮沸。（图20～图22）

8. 再将煮沸的柠檬汁慢慢倒入蛋黄混合液中，边倒入边搅拌。（图23、图24）

9. 再放到火炉上，以小火熬煮至混合液成团状后离火。（图25）

10. 最后加入无盐奶油混合均匀。（图26、图27）

11. 表面盖上一层保鲜膜避免干燥，放凉备用。（图28）

12. 将咸派皮面团从冰箱中取出，表面撒一些中筋面粉避免黏结。（图29）

13. 将面团擀成圆形片状（直径约24cm）。（图30）
14. 将擀开的派皮铺在派盘上。（图31）
15. 用手仔细使派皮贴紧派盘，撕去保鲜膜。（图32、图33）
16. 用刀子将边缘多余的派皮切去。（图34、图35）
17. 用手指在派皮边缘做出花边，用叉子在派皮上均匀扎出一些小孔。（图36、图37）
18. 铺上一张防粘烤焙纸，放上一些耐烤重物，烘烤过程中派皮才会平整（也可以使用黄豆、红豆、绿豆等当作重物，烘烤完可以重复使用）。（图38）
19. 放入预热至180℃的烤箱中，烘烤10min后将表面的重物及防粘烤焙纸取出，在派皮表面刷上一层蛋白，再放入烤箱中烘烤3~5min，至表面呈金黄色即可。（图39、图40）

B 制作法式蛋白霜并组合、烘烤

20. 将蛋白先用手提式电动打蛋器打出一些泡沫，然后加入柠檬汁及细砂糖（分两次加入），打成提起时尾端微微挺立的蛋白霜（干性发泡）。（图41、图42）
21. 将放凉的柠檬蛋黄酱倒入派皮中抹平整。
22. 将打发的蛋白霜随意抹在柠檬蛋黄酱的表面。（图43、图44）
23. 表面筛上一些糖粉。
24. 放入已经预热至190℃的烤箱中，烘烤8~10min，至表面呈咖啡色即可。（图45）
25. 放入冰箱冷藏3~4h再食用。

奥地利苹果卷

　　苹果卷起源于奥地利，尤其在维也纳特别有名，因为这款全世界知名的甜点，就是由维也纳的一位糕点师率先做出来的。但它的历史渊源最早可以追溯到古希腊时代，后来却成为奥地利及德国、匈牙利最著名的传统甜点。相传，奥地利皇帝曾下令宫中的厨师在做这款点心时，必须将外皮做到薄得能看到底下的报纸，由此可见，这款点心要做得好真的不容易。奥地利王室对甜点有着莫名的喜爱，每一餐都少不了甜点，连去森林打猎都要准备些甜点带在身边。所以，奥地利发展出来的甜点样式种类繁多、五彩缤纷，和他们的音乐一样动人。

　　奥地利苹果卷的全部材料非常简单，也很容易准备，除了苹果之外，也可以加入其他水分不太多的水果，像樱桃、蓝莓、李子等，任何喜欢的干果也可以随意加入。它在奥地利是几乎家家户户都会做的餐后点心，这种薄皮点心不见得只有甜馅，也可以包裹腌肉做成咸的。苹果卷刚烤出来是最好吃的时候，泡杯咖啡，趁热享受这香甜的苹果滋味。

Baking Points

🍴 分量：7~8人食用

🔥 烘烤温度：180℃

⏲ 烘烤时间：35min

◎ 材料

A. 面皮

　　高筋面粉150g　鸡蛋1个　温水55g　盐1/4小匙　色拉油15g

B. 苹果内馅

a. 柠檬1/2个　苹果（小）3个（约500g）　核桃仁50g

　　葡萄干50g　蔓越莓20g　杏仁片20g　朗姆酒30g

　　肉桂粉1小匙　黄砂糖（或白砂糖）60g

b. 面包（或奇福饼干）100g　无盐奶油50g　面粉1大匙

C. 表面涂抹

　　无盐奶油适量

◎ 做法

A 制作面皮

1. 将所有材料放入盆中混合成一个面团，然后搓揉至少5min至光滑。（图1、图2）
2. 将搓揉好的面团放入抹有少许色拉油的盆中，表面也抹一层色拉油。（图3）
3. 封上保鲜膜，室温放置1h。（图4）

B 制作苹果内馅

4. 将柠檬洗净，磨出皮屑，挤出1/2个分量的柠檬汁。（图5）
5. 将苹果削皮后，切成小薄片。（图6）
6. 核桃仁用150℃烤8~10min，放凉，切成小块。（图7）
7. 将所有材料a放入盆中，搅拌均匀备用。（图8）
8. 将面包切成薄片放入烤箱中，用150℃烤10min至完全干脆。（图9）

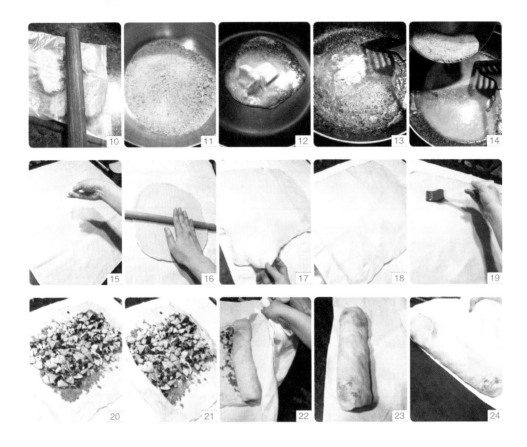

9. 用食物调理机将烤干的面包打成粉末，或将面包放入较厚的塑料袋中，用擀面杖敲打成粉末（如用奇福饼干请直接敲碎）。（图10、图11）

10. 将无盐奶油放入炒锅中熔化，加入1大匙面粉搅拌均匀。（图12、图13）

11. 最后将面包粉加入炒均匀即可。（图14）

C 组合并烘烤

12. 准备一条干净的帆布巾（也可以用粿巾），撒上一些面粉。（图15）

13. 将放置了1h的面团取出，放在帆布巾上，先用擀面杖将面团擀开。（图16）

14. 将擀开的面团拿起放在手上，将双手握成拳头，用手背（不要用手指）以旋转的方式将面团慢慢展开。

15. 将展开的面团放回帆布巾上，用手轻轻拉扯面皮四周，将面皮慢慢撑开成一个方形（如果觉得面皮不好拉，稍微让面皮松弛一下）。（图17、图18）

16. 撑开到如纸张一般薄的程度即可。

17. 在薄面皮上刷上一层熔化的无盐奶油。（图19）

18. 将炒好的奶油面包粉均匀地铺在中间（四周留5~6cm）。

19. 再将苹果内馅均匀铺上（液体滤掉），将两侧的薄面皮折进来。（图20、图21）

20. 利用帆布巾使材料往前滚动，将其卷起来。（图22）

21. 将卷好的苹果卷利用帆布巾滚入烤盘中。（图23、图24）

22. 表面刷上一层无盐奶油。（图25）
23. 放入已经预热至180℃的烤箱中，烘烤35min，至表面呈金黄色即可（用手轻敲表面，有一层硬壳并可以敲出声音就是烤好了）。（图26）
24. 吃的时候可以撒上糖粉，或搭配香草冰淇淋、卡士达酱一起享用。

简单款

利用冰箱中剩下的春卷皮来做这款著名的点心，效果非常好。不用经过太复杂的程序，一样可以尝到这款味美的甜点，而且口感一点都不输现做的薄皮。若没有太多时间又希望自己动手做，这是一个简单又方便的方法。而且每人一次吃一条，分量刚刚好，不用担心做太多吃不完。

❀ 做法

1. 在春卷皮表面刷上一层薄薄的熔化的奶油。（图1）
2. 将苹果内馅铺在靠身体的这一侧呈一长条（两端各留2cm）。（图2）
3. 将两侧的春卷皮折进来。（图3）
4. 将内馅卷起成为条状，边卷边刷上一层薄薄的熔化的奶油。（图4）
5. 将卷好的苹果卷放入烤盘，表面刷上一层无盐奶油。（图5）
6. 放入已经预热至180℃的烤箱中烘烤20min，至表面呈金黄色即可。（图6）
7. 吃的时候可以撒上糖粉，或搭配香草冰淇淋、卡士达酱一起享用。

 Carol's Memo

自制面包粉也可以用奇福饼干碎或市售面包粉代替。

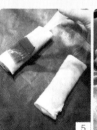

Upside-down Caramel Apple Pie

翻转焦糖苹果派

　　"Tarte Tatin"是法国经典的甜点，起源于一对Tatin姊妹经营的"Hotel Tatin"饭店。某日，姊妹在制作一个传统苹果派时，竟然忘了将派皮先放入烤模中，等到焦糖苹果完成后才发现，但已经来不及了，于是只好将派皮覆盖在焦糖苹果上方烘烤，然后再倒扣在盘子中给客人品尝。没想到这款甜点却大受欢迎，被美食家极力赞赏，红遍巴黎。

　　翻转焦糖苹果派，虽然一开始是个失败品，却有着幸福的结局。满满的焦糖苹果层层堆叠，苹果熬炖到软绵，入口即化，完整的甜美精华都浓缩在这方寸之间。若问我手作甜点有什么魔力，试试这款特别的苹果派，你就会了解的。

Baking Points

分量：**1个**（6英寸派盘）

烘烤温度：**200℃**

烘烤时间：**20min**

✿ 材 料

A. 千层派皮

　　中筋面粉130g　无盐奶油60g　鸡蛋1个
　　盐1/4小匙　冰水2大匙

B. 焦糖苹果馅

　　苹果5个（净重约1000g）　细砂糖120g
　　冷开水2大匙　无盐奶油40g

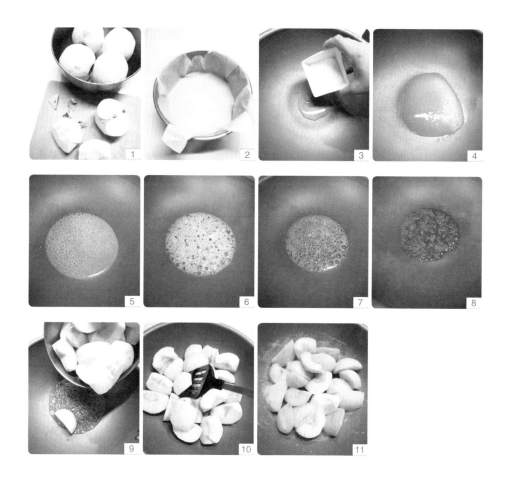

☯ 做法

A 制作千层派皮

1. 做法请参考46页简易千层派皮。完成的派皮用保鲜膜包起，略整成圆形，放入冰箱冷藏3~4h。

B 制作焦糖苹果馅

2. 将苹果去皮去核，每一个切成4等份。〔图1〕

3. 烤模中铺上一张防粘烤焙纸。〔图2〕

4. 依次将冷开水及细砂糖放入锅中。〔图3〕

5. 轻轻摇晃一下锅，使细砂糖与冷开水混合均匀。

6. 开小火煮糖液，一开始不要搅拌（搅拌了糖会煮不溶）。〔图4~图6〕

7. 当糖液开始变成咖啡色后，用木匙轻轻搅拌均匀。〔图7、图8〕

8. 煮到呈深咖啡色且非常浓稠时，将苹果倒入混合均匀。〔图9~图11〕

9. 用中小火持续翻炒，约炒25min至苹果汤汁收干且呈深咖啡色。（图12、图13）

10. 炒好的苹果稍微放凉后，放入烤模中填实。（图14、图15）

C 组合并烘烤

11. 将千层派皮从冰箱中取出，擀成0.3cm厚的薄片。（图16）

12. 切割出一个烤模大小的派皮，用叉子均匀地扎出一些孔洞。（图17、图18）

13. 盖在焦糖苹果馅上方。（图19）

14. 放入已经预热至200℃的烤箱中，烘烤20min至派皮呈金黄色即可。（图20）

15. 烤好后放凉，放入冰箱密封冷藏一夜。

16. 提着防粘烤焙纸将派移出烤模。（图21、图22）

17. 盖上盘子将苹果派翻转过来，撕去防粘烤焙纸即可。（图23、图24）

挞

Tart

- 草莓挞 Strawberry Curd Tart
- 蓝莓乳酪挞 Blueberry Cheese Tart
- 卡士达香梨挞 Pears Curd Tart
- 樱桃挞 Cherry Tart
- 乳酪挞 Cheese Tart

草莓挞

　　在厨房难免会让手受伤，一个走神就烫到手。没注意火炉上烧的正热的锅，徒手就抓，就算平时自诩有"铁砂掌"也没有用，当场就起了大水泡。

　　一整天冰块没办法离手，原本计划好的午餐也只好换人继续做。老公当起了我的手，我在旁边张嘴指挥，告诉他下锅的顺序，完成已经准备好的食材。两个人力量大，我们还是有了丰富的料理享用。火烧、刀切、烤箱烫伤等，双手早已"战果辉煌"，在厨房真的要特别小心，任何一个步骤都可能会造成伤害。手伤前完成的小甜点，是草莓季节不能错过的点心。酥脆的挞皮搭配不甜腻的香草卡士达酱与新鲜草莓，没有人会放弃吧！

Baking Points

🍴 分量: **4个**（10cm长的椭圆形小派盘）

🍞 烘烤温度: **170℃→160℃**

⏲ 烘烤时间: **10min→3～5min**

❀ 材 料

A. 香草卡士达酱

a. 牛奶100g　香草荚1/4根

b. 蛋黄1个　细砂糖20g　低筋面粉10g

B. 甜挞皮

　　无盐奶油30g　低筋面粉65g　糖粉25g
　　蛋黄1个　盐1/8小匙

C. 装饰

　　杏仁碎少许　白巧克力砖30g　新鲜草莓12个
　　果胶1大匙　冷开水1/2小匙

❀ 做法

A 制作香草卡士达酱

1. 做法请参考48页卡士达酱，完成后放入冰箱冷藏。

B 制作甜挞皮

2. 将无盐奶油从冰箱中取出，回复室温软化，切成小丁。

3. 将低筋面粉及糖粉分别过筛。〔图1、图2〕

4. 将奶油丁先用打蛋器打成乳霜状。〔图3〕

5. 然后加入糖粉搅拌均匀。〔图4〕

6. 将蛋黄与盐加入，搅拌均匀。〔图5、图6〕

7. 再将过筛的低筋面粉分两次加入，用刮刀或手以按压的方式混合成团状（不要过度搅拌，以免面粉产生筋性，影响口感）。〔图7～图9〕

8. 将混合完成的面团用保鲜膜包起，略整成方形，放入冰箱冷藏30min。〔图10〕

9. 烤模中涂抹一层无盐奶油（分量外），撒上一层低筋面粉，多余的面粉倒出。〔图11〕

10. 将冰硬的面团取出，分成4等份（每份约25g）。〔图12〕

11. 将每个小面团在手心中滚圆。再将滚圆的小面团沾上一层低筋面粉后，放入烤模中。〔图13、图14〕

12. 一边旋转一边用大拇指慢慢按压，将面皮压薄至充满整个烤模（厚度尽量一致才不容易破）。〔图15〕

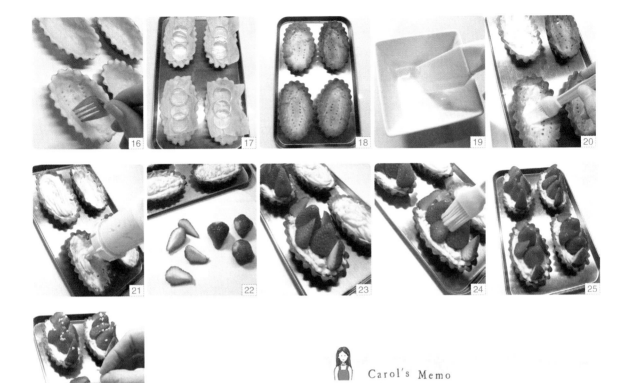

Carol's Memo

a. 挞皮上刷一层巧克力酱可以防止香草卡士达酱将
挞皮弄湿回软。巧克力砖可以选择自己喜欢的口
味。

b. 杏仁碎可以用其他坚果碎代替。

13. 用叉子在挞皮上均匀地扎出一些小孔备用。（图16）

14. 铺上一张防粘烤焙纸，放上一些耐烤重物，烘烤过程中挞皮才会平整（也可以使用黄豆或红豆等当作重物，
烘烤完可以重复使用）。（图17）

15. 放入预热至170℃的烤箱中烘烤10min，将表面的重物及防粘烤焙纸取出，再放入烤箱以160℃烘烤3～
5min，至表面呈金黄色即可。（图18）

16. 将挞皮小心地倒出来，放在铁网架上放凉。

C 组合

17. 将杏仁碎放入已经预热至150℃的烤箱中烘烤2～3min，取出放凉。

18. 白巧克力砖用刀切成碎屑。将装有巧克力碎的钢盆放在已经煮至50℃的热水锅中，隔水加热熔化巧克力，然
后离开热水。（图19）

19. 用巧克力酱在已经放凉的挞皮上涂抹薄薄的一层。（图20）

20. 将冷藏好的香草卡士达酱装入挤花筒中，平均、适量地挤入挞皮中。（图21）

21. 将新鲜草莓洗干净去蒂，其中4个各切成4等份。（图22）

22. 将草莓放在香草卡士达酱上。（图23）

23. 将果胶与1/2小匙冷开水混合均匀，刷在新鲜草莓上。（图24、图25）

24. 最后撒上杏仁碎即可。（图26）

Blueberry Cheese Tart

蓝莓乳酪挞

　　难得在盛夏买到了进口的草莓和蓝莓，鲜艳的色彩及酸甜的滋味就和恋爱的心情一样。这个可爱缤纷的鲜果挞献给幸福中的有情人！

　　七夕情人节快乐！

Baking Points

 分量：**1个**（6英寸派盘）

烘烤温度：**180℃**

烘烤时间：**35min**

❀ 材 料

A. 甜挞皮

　　低筋面粉80g　无盐奶油45g　细砂糖20g
　　盐1/8小匙　蛋黄1个　帕梅森起司粉15g
　　〔图A〕

B. 乳酪内馅

　　奶油乳酪100g　细砂糖25g　全蛋液40g
　　动物性鲜奶油35g　低筋面粉15g
　　白兰地1小匙　新鲜蓝莓少许〔图B〕

C. 原味鲜奶油

　　动物性鲜奶油80g　细砂糖8g（做法请参
　　考40页鲜奶油打发）

D. 表面装饰

　　新鲜蓝莓及草莓适量

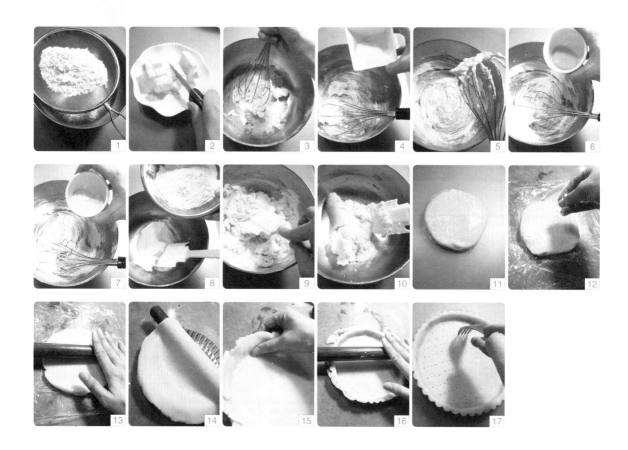

○ 做法

A 制作甜挞皮

1. 将所有材料称量好。

2. 将低筋面粉用过滤筛网过筛。（图1）

3. 将无盐奶油从冰箱中取出回复室温，切成小丁。（图2）

4. 将奶油丁先用打蛋器打成乳霜状。（图3）

5. 然后加入细砂糖、盐搅拌均匀。（图4、图5）

6. 将蛋黄及帕梅森起司粉加入搅拌均匀。（图6、图7）

7. 再将过筛的低筋面粉分两次加入，用刮刀或手以按压的方式混合成团状（不要过度搅拌，以免面粉产生筋性，影响口感）。（图8~图10）

8. 将混合完成的面团用保鲜膜包起，略整成圆形，放入冰箱冷藏30min。（图11）

9. 桌上撒一些低筋面粉，将面团从冰箱中取出，表面也撒一些低筋面粉避免黏结。（图12）

10. 将面团擀成圆形片状（直径约18cm）。（图13）

11. 派盘中先抹油，然后撒上一层薄薄的低筋面粉。

12. 将擀开的挞皮用擀面杖卷起铺在派盘上。（图14）

13. 用手仔细将挞皮贴紧派盘。（图15）

14. 用擀面杖在派盘表面来回滚压，将多余的挞皮去除。（图16）

15. 再用手指将挞皮仔细压紧，用叉子在挞皮上均匀地扎出一些小孔备用。（图17）

B 制作乳酪内馅并组合、烘烤

16. 将所有材料称量好。

17. 将奶油乳酪室温软化，切成小块。〔图18〕

18. 将奶油乳酪用打蛋器打成乳霜状。〔图19〕

19. 然后将细砂糖加入搅拌均匀。〔图20〕

20. 再将全蛋液分四五次加入搅拌均匀。〔图21〕

21. 最后将动物性鲜奶油、低筋面粉加入搅拌均匀。〔图22～图24〕

22. 将搅拌均匀的乳酪面糊倒入准备好的挞皮中。〔图25〕

23. 将洗干净并擦干水的新鲜蓝莓适量放入乳酪内馅中。〔图26〕

24. 放入已经预热至180℃的烤箱中烘烤35min后取出（若上色太快，最后10min可以将上火温度调为170℃，或铺上一张锡箔纸，以免颜色烤得太深）。〔图27〕

25. 烤好后，马上在表面刷上一层白兰地。〔图28〕

26. 完全凉透后，放入冰箱冷藏（还不要脱模）。

27. 冰透之后脱模，然后将原味鲜奶油装入挤花袋中（使用0.5cm的圆孔挤花嘴）。〔图29〕

28. 在乳酪挞表面均匀地挤出圆球造型。〔图30〕

29. 按照个人喜好装饰上新鲜蓝莓及草莓即可。〔图31、图32〕

Carol's Memo

装饰水果可以按照个人喜好调整。

Pears Curd Tart

卡士达香梨挞

　　每天晚上，我的小布都会依偎在我身边，头靠着枕头和我一块睡到天亮。它厚厚的背传来温度，是冬天最好的保暖热水袋，我感觉得到它的呼吸声，知道它有多信任我。从只有500g的小不点儿长到现在8.5kg的大个子，它一直没变的是单纯和善解人意的可爱个性。9只猫咪因为各种原因从不同地方来到我的家，它们都是我最重要的家人，有它们的陪伴，生活有更多的小趣味。虽然因为它们必须放弃一些事，但比起它们给我的快乐，这并不算什么。谢谢我的宝贝们！

　　将新鲜水果与甜点结合，不仅可以吃到水果的香甜，也可以降低成品的甜腻感。酥脆的挞皮中间填入卡士达酱，再加上梨一块烘烤，多层次的口感让你一吃就上瘾。

Baking Points

🍳 分量: **1个**（8英寸烤模）

🍞 烘烤温度: **180℃**

⏱ 烘烤时间: **45min**

✿ 材料

A. 香草乳酪卡士达酱

　　香草荚1/4根　细砂糖40g　蛋黄2个
　　牛奶200mL（平均分成2份）
　　低筋面粉20g　帕梅森起司粉15g
　　无盐奶油15g（图A）

B. 甜挞皮

　　低筋面粉130g　无盐奶油70g
　　细砂糖35g　盐1/4小匙　蛋黄1个
　　杏仁粉20g（图B）

C. 新鲜梨

　　梨3个　果胶少许（涂抹表面）

A　　　　　　　B

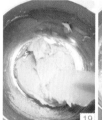

❀ 做法

A 制作香草乳酪卡士达酱

1. 将香草荚横剖开，用小刀将其中的黑色香草子刮下来，与细砂糖放入100mL的牛奶中，煮至糖溶化即关火（不需煮至沸腾）。〔图1〕

2. 将另外一半的100mL牛奶倒入过筛的低筋面粉中搅拌均匀，然后加入蛋黄及帕梅森起司粉混合均匀。〔图2~图4〕

3. 将煮热的牛奶以线状慢慢倒入蛋黄面糊中，边倒边搅拌均匀。〔图5〕

4. 再放回火炉上，以小火熬煮成团状即离火。〔图6、图7〕

5. 最后加入无盐奶油混合均匀。〔图8、图9〕

6. 稍微放凉备用，表面盖上一层保鲜膜避免干燥。〔图10〕

B 制作甜挞皮

7. 将低筋面粉用过滤筛网过筛。将无盐奶油软化，切成小丁。〔图11、图12〕

8. 将无盐奶油放入钢盆中，用打蛋器搅拌成乳霜状。〔图13〕

9. 加入细砂糖及盐继续搅拌2~3min，成为提起时尾端挺立的奶油霜。〔图14、图15〕

10. 将蛋黄及杏仁粉加入搅拌均匀。〔图16、图17〕

11. 将过筛的低筋面粉分两次加入，以刮刀与钢盆底摩擦的方式混合成无粉粒的状态（不要过度搅拌，以免面粉产生筋性，影响口感）。〔图18~图21〕

12. 直接用手将面团压紧捏成团状，用保鲜膜将面团包覆。〔图22、图23〕

13. 压扁整成方形，放入冰箱冷藏1~2h至硬。〔图24、图25〕

14. 将冰硬的面团从冰箱中取出，撕开保鲜膜，表面撒上一些低筋面粉。〔图26〕

15. 将面团垫着保鲜膜，用擀面杖擀成厚约0.5cm的片状。〔图27〕

16. 烤模中事先抹一层无盐奶油，撒上一层低筋面粉，将多余的低筋面粉倒出。

17. 直接拿起保鲜膜将挞皮覆盖在烤模中，再撕去保鲜膜。〔图28、图29〕

18. 用手使挞皮紧贴烤模。〔图30〕

19. 用擀面杖在烤模表面来回滚压，将多余的挞皮去除。〔图31、图32〕

C 组合并烘烤

20. 用叉子在挞皮上均匀地扎出一些小孔。〔图33〕

21. 将梨去皮、对切、去核，切成厚0.3~0.4cm的片。〔图34〕

22. 将事先完成的香草乳酪卡士达酱填入挞皮中抹平整。〔图35〕

23. 将梨均匀地放在香草乳酪卡士达酱上。〔图36〕

24. 放入预热至180℃的烤箱中烘烤45min，至表面呈金黄色即可。〔图37〕

25. 烤好后，稍微放凉即可脱模，在表面涂抹一层果胶增加光泽。〔图38〕

Carol's Memo

将剩下的挞皮集中起来做成片状，可以烘烤成饼干。

Cherry Tart

樱桃挞

因为博客，我的生活改变了非常多，除了出书将厨房中的事分享给更多朋友，也走入人群中教授烘焙课程。我也非常意外地受邀拍了牛奶广告，人生中经历了很多原本不可能接触的事情，广告的播放还让我联系到了将近20年不见的好朋友。大多数时间我是一个从早忙到晚，在厨房忙进忙出的平凡的家庭主妇，偶尔会配合新书发表与读者见面。我很满足现在的状况，也期许自己更要兢兢业业地做好每一件事，不辜负这么多人的一路相助，让人生下半场更有意义。

法式杏仁挞皮与酸甜樱桃馅的邂逅，甜香及奶香从烤箱中弥漫出来，我的樱桃挞完美搭配下午宁静的心情。

Baking Points

 分量：1个（8英寸分离式派盘）

 烘烤温度：180℃→170℃

 烘烤时间：15min→15min

❀ 材 料

A. 甜挞皮

无盐奶油120g 糖粉70g 盐1/8小匙
蛋黄1个 鸡蛋1个 帕梅森起司粉20g
低筋面粉140g 杏仁粉80g

B. 樱桃馅
市售樱桃派馅罐头约400g

C. 表面装饰
杏仁片少许

❀ 准备工作

1. 将低筋面粉过筛。（图1）

2. 将糖粉过筛。（图2）

3. 将无盐奶油回复室温，切成小丁。（图3）

4. 在烤模中涂抹一层无盐奶油（分量外），撒上一层低筋面粉，多余的面粉倒出。

❀ 做法

1. 将奶油丁用打蛋器打成乳霜状。（图4）

2. 然后加入糖粉及盐打发至膨松状。（图5）

3. 将蛋黄加入混合均匀。（图6）

4. 将全蛋液分四五次加入混合均匀。（图7）

5. 依次加入帕梅森起司粉、杏仁粉搅拌均匀。（图8、图9）

6. 再将过筛的低筋面粉分两次加入，用刮刀以按压的方式混合成团状（不要过度搅拌，以免面粉产生筋性，影响口感）。（图10、图11）

Carol's Memo

a. 内馅可以使用自己喜欢的馅料，如蓝莓或苹果。
b. 樱桃派馅罐头可以在烘焙材料店购买。

7. 将一半混合完成的杏仁面糊放入派盘中抹平整。（图12、图13）
8. 将剩下的杏仁面糊装入挤花袋中，使用花形挤花嘴。（图14）
9. 使用花形挤花嘴沿着派盘周围挤出同派盘一样高的边缘。（图15）
10. 将樱桃馅装填在中央。（图16）
11. 最后在樱桃馅的表面挤出交错的格纹花样。（图17）
12. 放上些许杏仁片做装饰。（图18）
13. 放入预热至180℃的烤箱中烘烤15min后取出。
14. 准备一张铝箔纸，中间剪下直径约15cm的圆形。
15. 将铝箔纸盖上，遮盖住甜挞皮边缘（避免甜挞皮边缘烤焦）。（图19）
16. 再放入烤箱，用170℃烘烤15min，至表面呈金黄色即可。（图20）
17. 从烤箱中取出，稍微放凉后脱模。

乳酪挞

　　这款外形可爱的意大利甜点有个俏皮的名字：莲蓬头。外皮是使用橄榄油制作成的软质挞皮，内馅是有着柠檬清香的乳酪馅。不论冷吃或热吃都很棒，呈现出不同的风味，搭配一杯现煮的意式咖啡真是享受。

　　做甜点让我的视野更宽广，从不同国家的甜点中体会到丰富的人文历史。我希望借这些美味甜点带大家认识世界各地经典的传统味道，用心分享，生活会更精彩！

Baking Points

🍳 分量：**6个**（3.5英寸挞模）

🍞 烘烤温度：**180℃→160℃**

⏲ 烘烤时间：**20min→25min**

⚙ **材 料**

A. 甜挞皮
　低筋面粉150g 糖粉40g 盐1/4小匙
　橄榄油30g 鸡蛋1个 蛋黄1个（图A）

B. 柠檬乳酪馅
　鸡蛋2个 奶油乳酪200g 细砂糖50g
　柠檬汁10mL（图B）

C. 表面装饰
　糖粉适量

A　　　　　　　　　　B

🌼 准备工作

1. 将所有材料称量好。
2. 将低筋面粉用过滤筛网过筛。〔图1〕
3. 在烤模中涂抹上一层薄薄的奶油。〔图2〕
4. 然后在烤模中撒上一层薄薄的低筋面粉，多余的面粉倒出。〔图3、图4〕

🌼 做法

A 制作甜挞皮

1. 将低筋面粉、糖粉与盐放入钢盆中，然后将橄榄油、鸡蛋与蛋黄加入。〔图5〕
2. 将以上材料用手快速揉捏成团状（混合时间尽量短，千万不要过度搓揉，以免起筋）。〔图6～图8〕
3. 将混合完成的面团用保鲜膜包起，略整成扁方形，放入冰箱冷藏30min。〔图9〕
4. 将冰硬的面团取出略回温，表面撒上一些低筋面粉。〔图10〕
5. 用擀面杖将面皮擀成大小为30cm×20cm、厚度约0.3cm的薄片。〔图11〕
6. 用钢尺及滚轮刀辅助，切出6张10cm×10cm的挞皮。〔图12〕
7. 将挞皮压入烤模中铺满备用。〔图13、图14〕

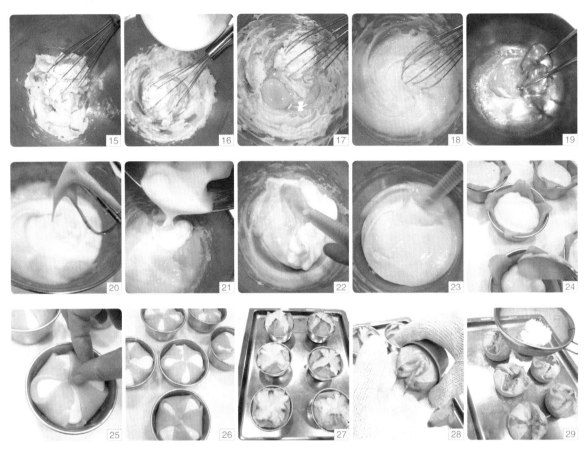

B 制作柠檬乳酪馅

8. 将蛋黄与蛋白分开。

9. 将奶油乳酪回复室温，切成小块，用打蛋器搅打成乳霜状。（图15）

10. 加入细砂糖搅拌均匀。（图16）

11. 分次将蛋黄及柠檬汁加入混合均匀。（图17、图18）

12. 将蛋白用电动打蛋器高速搅打2～3min，成为提起时尾端弯曲的蛋白霜（不需要打至尾端挺立）。（图19、图20）

13. 将蛋白霜加入乳酪糊中混合均匀。（图21～图23）

C 组合并烘烤

14. 将完成的柠檬乳酪馅舀入铺好挞皮的烤模中。（图24）

15. 将挞皮的四个角往中间捏合。（图25、图26）

16. 放入已经预热至180℃的烤箱中烘烤20min，然后将温度调整为160℃，继续烘烤25min至表面呈金黄色即可。（图27）

17. 烤好后取出，将成品倒出烤模。（图28）

18. 吃的时候可以在表面撒上一层糖粉。（图29）

19. 趁热吃或冷藏后吃冰的都可以。（图30）

泡芙
Puff

- 卡士达泡芙 Cream Choux Pastry
- 天鹅泡芙 Choux Pastry Swan
- 菠萝脆皮泡芙 Cookies Top Choux Pastry
- 黑芝麻泡芙 Sesame Choux Pastry
- 起司小泡芙 Cheese Mini Choux Pastry
- 吉拿 Churro

Cream Choux Pastry

卡士达泡芙

我对泡芙有一个非常深刻的印象。几年前，工作压力加上刚好遇到一些意外影响心情，导致口疮破得非常严重，完全无法正常吃饭。那时Jay的公司在台北大安路附近，每天他下班的时候，会特别绕到后面的"田中家泡芙"拎一盒泡芙或布丁带回家给我，只有冰凉而没有刺激性的食物才能入口，让我舒服些。一个多星期几乎都靠着泡芙度日，对泡芙当然有股莫名的感情。现在，压力真的是影响很多人健康的隐形因素，心里有事不能放轻松，长时间累积，身体就会受到干扰。其实很多事在当时不见得那么难解，现在想起来其实一点也不严重。在忙碌的生活中一定要学会放下，自然能够海阔天空。假日我会想做好吃的点心，窝在烤箱旁，看着泡芙慢慢膨胀好开心，为心爱的家人烘烤点心是我最快乐的时候。香脆的泡芙中挤入满满的卡士达酱，再撒上些许糖粉，Leo看着好吃的泡芙直傻笑呢！

Baking Points

分量：约15个（直径3cm）

烘烤温度：200℃→190℃→180℃→余温

烘烤时间：10min→10min→15min→10min

❀ 材料

A. 泡芙外皮

水85mL 盐1/8小匙 无盐奶油45g
低筋面粉55g 鸡蛋2个（净重约110g）

B. 香草卡士达酱
牛奶100mL（平均分成2份） 香草荚1/4根
细砂糖20g 蛋黄1个 低筋面粉10g
无盐奶油15g（做法请参考48页卡士达酱）

C. 巧克力酱
巧克力砖100g

● 准备工作

1. 将所有材料称量好。
2. 将鸡蛋打散。 〔图1〕
3. 将低筋面粉用过滤筛网过筛。 〔图2〕

● 做法

A 制作泡芙外皮

1. 依次将水、盐及无盐奶油放入锅中。 〔图3~图5〕
2. 使用中小火煮至沸腾，转小火。
3. 将过筛的低筋面粉一口气倒入，用木匙快速搅拌。 〔图6、图7〕
4. 搅拌到面粉完全成团且不粘锅即关火。 〔图8〕
5. 面团稍微放凉（手摸不烫）。将全蛋液分四五次慢慢加入，每一次加入都要搅拌均匀后再加下一次。 〔图9~图12〕
6. 约加到2个鸡蛋时拿起木匙，如果面糊为呈倒三角形缓慢流下的状态即完成，即使还有蛋液也不要再加了。 〔图13〕
7. 若蛋液全部加完还没有达到上述状态，就必须再增加少许蛋液。

8. 将完成的面糊装入挤花袋中，使用1cm的圆形挤花嘴。（图14）

9. 在防粘烤焙布上间隔整齐地挤出15个球形（若没有挤花袋，可以用前端剪洞的厚塑料袋代替）。（图15）

10. 手指蘸水，将面糊上方的尖抹平。（图16）

11. 用一根竹签在面糊表面划出十字痕迹（帮助成品裂纹漂亮、均匀）。（图17）

12. 进烤箱前，在面糊表面喷上冷水（喷壶挤压六七次），避免一进烤箱就将表面烤干，影响膨胀。（图18）

13. 放入已经预热至200℃的烤箱中烘烤10min，然后将温度调整为190℃再烘烤10min，再将温度调整为180℃，烘烤15min至表面呈金黄色，最后关火焖10min即可取出（中间不可以开烤箱，以免冷空气进入影响膨胀）。（图19）

14. 取出后，移至铁网架上放凉。（图20）

15. 从放凉的泡芙底部挤入香草卡士达酱或打发鲜奶油。（图21）

B 组合

16. 将巧克力砖切碎，用50℃的温水隔水加热熔化。

17. 泡芙表面蘸上一层巧克力酱即可。（图22）

18. 泡芙外皮可以密封冷冻保存，吃之前自然解冻即可。（图23、图24）

 Carol's Memo

a. 水可以用牛奶代替。

b. 无盐奶油可以用植物油代替。

c. 烘烤时间与泡芙的体积大小有关，越大的泡芙需要的烘烤时间越长，请斟酌调整。

Choux Pastry Swan

天鹅泡芙

厨房是我的秘密花园，花园中有各式各样的精彩等待被发现。一个人的世界也可以多彩多姿，小小的厨房中变出惊奇与喜悦，带给家人满满的爱。

泡芙的外皮膨松酥脆，模样讨人喜欢，内馅可甜可咸，是一款很随性的点心。其制作材料简单，只要把握住几个重点，好吃的泡芙就可以漂亮出炉。基本泡芙完成后稍微做点花样，一成不变的泡芙就化身为优雅的天鹅，悠游在宁静的湖水中，仿佛童话故事中的场景，梦幻又甜蜜。

Baking Points

❀ 材 料

A. 泡芙外皮

水85mL 盐1/8小匙 无盐奶油45g

低筋面粉55g 鸡蛋2个（净重约110g）

B. 香草卡士达酱

牛奶100mL（平均分成2份） 香草荚1/4根

细砂糖20g 蛋黄1个 低筋面粉10g

无盐奶油15g（做法请参考48页卡士达酱）

🍴 分量：天鹅与花篮各12～15个

🍳 烘烤温度：200℃→190℃→180℃→余温

⏲ 烘烤时间：10min→10min→15min→10min

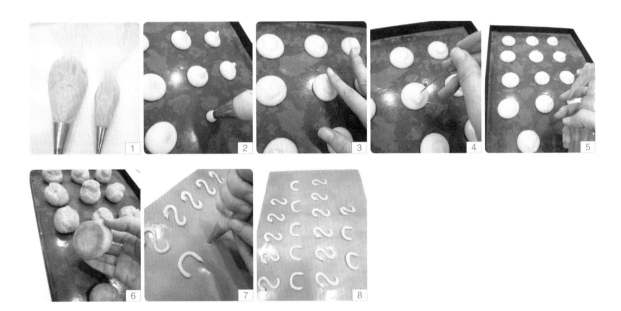

❀ 做法

A 制作泡芙外皮

1. 请参考291页泡芙外皮的做法完成面糊。

2. 将完成面糊的4/5的分量装入带有1cm的圆形挤花嘴的挤花袋中，1/5的分量装入带有0.5cm的圆形挤花嘴的挤花袋中。〔图1〕

3. 用1cm的圆形挤花嘴在防粘烤焙布上间隔整齐地挤出15个球形（若没有挤花袋，可以用前端剪洞的厚塑料袋代替）。〔图2〕

4. 手指蘸水，将面糊上方的尖抹平。〔图3〕

5. 用一根竹签在面糊表面划出十字痕迹（帮助成品裂纹漂亮、均匀）。〔图4〕

6. 进烤箱前，在面糊表面喷上冷水（喷壶挤压六七次），避免一进烤箱就将表面烤干，影响膨胀。〔图5〕

7. 放入已经预热至200℃的烤箱中烘烤10min，然后将温度调整为190℃再烘烤10min，再将温度调整为180℃，烘烤15min到表面呈金黄色，最后关火焖10min即可取出（中间不可以开烤箱，以免冷空气进入影响膨胀）。〔图6〕

8. 取出后，移至铁网架上放凉。

9. 用0.5cm的圆形挤花嘴在防粘烤焙布上间隔整齐地挤出数个S形天鹅头颈部造型与U形花篮提手造型。〔图7、图8〕

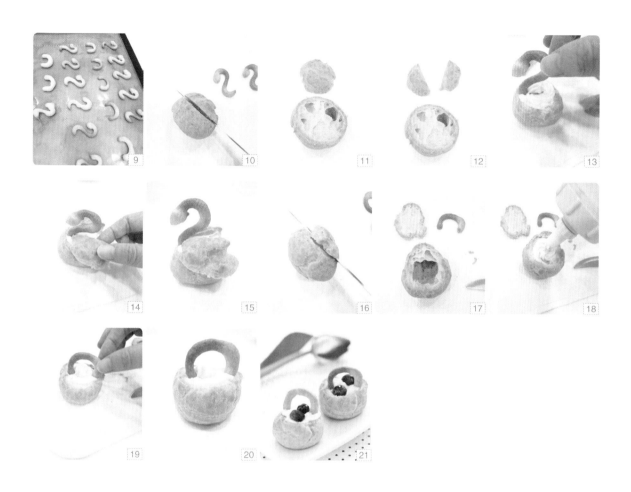

10. 进烤箱前，在面糊表面喷上一些冷水（喷壶约挤压两次），避免一进烤箱就将表面烤干，影响膨胀。

11. 放入已经预热至200℃的烤箱中，烘烤12～15min至呈金黄色即可取出。〔图9〕

B 组合天鹅造型

12. 将泡芙顶端约1/3的部分切下来。〔图10、图11〕

13. 将切下来的部分再平均切成两半当作翅膀。〔图12〕

14. 在底部2/3的部分中间挤入香草卡士达酱。

15. 将S形天鹅头颈部造型底端插入香草卡士达酱中。〔图13〕

16. 将翅膀贴在左右两侧即完成。〔图14、图15〕

C 组合花篮造型

17. 将泡芙顶端约1/3的部分切下来。〔图16、图17〕

18. 在底部2/3的部分中间挤入香草卡士达酱。〔图18〕

19. 将U形花篮提手造型插入香草卡士达酱中即完成。〔图19、图20〕

20. 中间可以放上喜欢的水果丁。〔图21〕

Carol's Memo

a. 水可以用牛奶代替。

b. 无盐奶油可以用植物油代替。

c. 烘烤时间与泡芙的体积大小有关，越大的泡芙需要的烘烤时间越长，请斟酌调整。

菠萝脆皮泡芙

最近回家的机会多了一些，可以陪爸妈聊聊天，替他们跑跑腿。我喜欢听他们细细诉说关于我们儿时的一些事，每一个阶段的故事由他们口中说出，过程是那么鲜明。例如，刚出生的我常常生病，父母彻夜照顾。1岁多时家中发生火灾，妈妈紧抱着我慌乱地逃出火场。中学时学校郊游，也差一点被上游冲下的大水卷入溪流。傻人有傻福，现在的我更知道要珍惜每一天。看着父母斑白的发丝，心中感触很多。能够这样在他们身边多陪伴，我已经很满足。他们身体健康、心情好就是我最大的快乐！

单吃泡芙已经够过瘾了，若再加上酥脆甜蜜的外壳会不会更吸引人？基本泡芙外皮上多加一块饼干面团，成品香酥可口，填满浓浓的巧克力鲜奶油，真是幸福。

Baking Points

分量：约10个

烘烤温度：200℃→190℃→180℃
→余温

烘烤时间：15min→10min→10min
→10min

❀ 材料

A. 菠萝外皮

无盐奶油50g 细砂糖40g 杏仁粉20g
低筋面粉50g

B. 泡芙外皮

鸡蛋2个（净重约110g） 无盐奶油45g
水85mL 低筋面粉55g 盐1/8小匙
（做法请参考291页）

◎ 做法

1. 将材料称量好。无盐奶油回复室温，切成小块（无盐奶油不要回温到太软的状态，只要手指按压有痕迹即可）。〔图1〕

2. 将低筋面粉用过滤筛网过筛。〔图2〕

3. 将无盐奶油放入钢盆中，用打蛋器搅打成乳霜状。〔图3〕

4. 加入细砂糖快速搅拌，将奶油打至膨松且颜色比原来更淡即可（此过程夏天1～2min，冬天2～3min）。〔图4、图5〕

5. 加入杏仁粉混合均匀。〔图6〕

6. 将已经过筛的低筋面粉分两次加入。〔图7〕

7. 利用橡皮刮刀与盆底摩擦按压的方式将面粉与奶油混合成团状，不要过度搅拌搓揉，以免面粉产生筋性，影响口感。〔图8～图10〕

8. 将混合好的面团用保鲜膜包覆，整成直径约4cm的圆柱状，扎紧后放入冰箱冷冻3～4h至硬。〔图11～图14〕

9. 按照291页泡芙外皮的做法制作泡芙面糊。将完成的面糊装入挤花袋中，使用1cm的圆形挤花嘴。（图15）

10. 在防粘烤焙布上间隔整齐地挤出10个球形（若没有挤花袋，可以用前端剪洞的厚塑料袋代替）。（图16、图17）

11. 将冰硬的菠萝外皮取出，切成厚约0.5cm的片状，放在面糊上。（图18～图20）

12. 进烤箱前，在面糊表面喷上冷水（喷壶挤压五六次），避免一进烤箱就将表面烤干，影响膨胀。（图21）

13. 放入已经预热至200℃的烤箱中烘烤15min，然后将温度调整为190℃再烘烤10min，再将温度调整为180℃，烘烤10min到表面呈金黄色，最后关火焖10min即可取出（中间不可以开烤箱，以免冷空气进入影响膨胀）。（图22）

14. 取出后，移至铁网架上放凉。

15. 将放凉的泡芙切开，可以填入卡士达酱或巧克力鲜奶油。（图23、图24）

16. 泡芙外皮可以密封冷冻保存，吃之前自然解冻即可。

Sesame Choux Pastry

黑芝麻泡芙

　　每天，我都要静下心花几个小时的时间回复博客及脸谱网中博友与读者的留言，有很多是给我加油的鼓励话语，更多的是询问食谱中操作或材料调整的问题。每一个留言我都会仔细看，也一定会回复。我谢谢帮我打气的朋友，也感谢提出各式各样问题的朋友。除了分享食谱，交流也让我们知道操作的问题，可以提供更好的方式做出更完美的成品。

　　好热的天，吃一个冰冰的黑芝麻泡芙心情会变好。从里到外都是黑芝麻，浓浓的芝麻香气风味十足！

Baking Points

 分量：约12个

烘烤温度：200℃→170℃→余温

烘烤时间：10min→20min→10min

❖ 材 料

A. 原味鲜奶油

　　动物性鲜奶油100g　细砂糖10g

B. 芝麻泡芙皮〔图A〕

　　牛奶100g　色拉油40g　盐1/4小匙

　　细砂糖1小匙　低筋面粉30g　高筋面粉30g

　　鸡蛋2～2.5个　黑芝麻1/2大匙

C. 黑芝麻鲜奶油卡士达酱〔图B〕

a. 牛奶160g　细砂糖40g

b. 蛋黄1个　黑芝麻粉1大匙

c. 牛奶20g　低筋面粉10g　玉米淀粉5g

d. 无盐奶油15g

准备工作

1. 将所有材料称量好。
2. 将低筋面粉与高筋面粉混合均匀，用过滤筛网过筛。（图1）

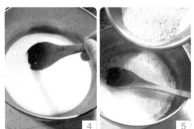

做法

A 制作原味鲜奶油

1. 做法请参考40页，完成后放入冰箱冷藏备用。

B 制作芝麻泡芙皮

2. 将牛奶、色拉油、盐及细砂糖放入盆中混合均匀。（图2、图3）
3. 使用中小火将液体煮沸后转小火。（图4）
4. 将过筛的粉类一口气倒入，用木匙快速搅拌（火不能关）。（图5）
5. 搅拌到面粉变得有点透明且完全成团、不粘盆即离火。（图6、图7）
6. 将鸡蛋打散。（图8）
7. 面团稍微放凉一些，将全蛋液分四五次慢慢加入，每一次加入都要搅拌均匀后再加入下一次。（图9~图11）
8. 约加到2个鸡蛋时拿起木匙，如果面糊为呈倒三角形缓慢流下的状态即完成，即使还有蛋液也不要再加了。（图12）
9. 若蛋液全部加完还没有达到上述状态，就必须再增加少许蛋液。
10. 最后将黑芝麻倒入混合均匀。（图13）
11. 将完成的面糊装入挤花袋中，用0.5cm的圆形挤花嘴在防粘烤焙布上间隔整齐地挤出12个球形（若没有挤花袋，可以用前端剪洞的厚塑料袋代替）。（图14、图15）
12. 手指蘸水，将面糊的尖端抹平。（图16）
13. 在面糊上喷洒一些水（避免一进烤箱就将表面烤干，影响膨胀）。（图17）

14. 放入已经预热至200℃的烤箱中烘烤10min，然后将温度调整为170℃，再烘烤20min到表面呈金黄色，最后关火焖10min再取出（中间不可以开烤箱，以免冷空气进入影响膨胀）。（图18、图19）

15. 取出后移至铁网架上放凉。

C 制作黑芝麻鲜奶油卡士达酱

16. 将材料a的细砂糖倒入牛奶中混合均匀，用小火煮沸。（图20）

17. 将材料c的低筋面粉与玉米淀粉过筛。（图21）

18. 将材料c的20g牛奶加入过筛的低筋面粉与玉米淀粉中搅拌均匀。（图22）

19. 将材料b的蛋黄与黑芝麻粉混合均匀。（图23、图24）

20. 然后将搅拌均匀的材料c倒入材料b中混合均匀。（图25）

21. 再将煮沸的牛奶慢慢加入，一边加一边搅拌。（图26）

22. 搅拌均匀后放在火炉上，用小火加热。

23. 一边煮一边搅拌，到出现旋涡状且变浓稠就离火。

24. 将材料d的无盐奶油加入，搅拌均匀即可。（图27）

25. 趁热在表面封上保鲜膜避免干燥，放凉备用。（图28）

26. 完全凉透后，与事先打发冷藏的原味鲜奶油混合均匀，放入冰箱冷藏即可。（图29～图31）

27. 吃之前，将黑芝麻鲜奶油卡士达酱装入挤花袋中。（图32）

28. 在黑芝麻泡芙顶部的1/3处斜切。（图33）

29. 将冰凉的黑芝麻鲜奶油卡士达酱挤入即可。（图34）

Carol's Memo

没有吃完的泡芙，等完全凉透之后，用塑料袋装起来放入冰箱冷冻保存。吃之前再取出来喷些水，直接回烤一下即可恢复。

起司小泡芙

1533年，意大利公爵之女凯瑟琳嫁给法国国王亨利之子亨利二世。她从意大利带到法国的厨师 Panterelli 在1540年首先做出了泡芙面团。经过多年的演变及食谱不断的变更，最后在18世纪，泡芙的名字被称为"Choux"，在法文中是"卷心菜"的意思，因为膨胀又裂开的泡芙表面像一朵朵卷心菜。这是咸味的小点心，配一杯姜梨茶，一口一个刚刚好。

做泡芙最重要的就是鸡蛋加入的多少，加得不够面糊就会太浓稠而无法膨胀，加得太多面糊又会太稀而立不起来。尤其是一旦加多，再加干粉也很难弥补，烤出来也不好吃。所以鸡蛋一定要慢慢加入，每一次加入都要试试看面糊舀起时有没有呈倒三角形缓慢流下。挤出的泡芙大小也会影响烘烤的时间，如果泡芙比较大，就要多烤5min，然后再焖5min才能开烤箱。

吃不完的小泡芙可以装袋放进冰箱冷冻室，吃的时候再拿出来烘烤5~6min即可。

Baking Points

 分量: 约30个

 烘烤温度: 190℃

 烘烤时间: 15min

✿ 材料

无盐奶油50g 牛奶100g
细砂糖1/2小匙 低筋面粉50g
高筋面粉20g 鸡蛋2～2.5个
帕梅森起司粉25g 黑胡椒少许

✿ 准备工作

1. 将低筋面粉与高筋面粉混合均匀，用过滤筛网过筛。
2. 将鸡蛋搅打成均匀的蛋液。

✿ 做法

1. 将无盐奶油、牛奶、细砂糖放入锅中，煮沸后转小火。〔图1、图2〕
2. 将过筛的粉类一口气加入，用木匙快速搅拌。〔图3〕
3. 搅拌到面粉完全成团且不粘锅即可关火。〔图4〕
4. 稍微放凉，加一些全蛋液，用木匙搅拌均匀。〔图5〕
5. 将帕梅森起司粉及黑胡椒加入搅拌均匀。〔图6〕
6. 将剩下的全蛋液分三四次慢慢加入，每一次加入都要搅拌均匀后再加下一次。
7. 如果拿起木匙，面糊为呈倒三角形缓慢流下的状态即完成，即使还有蛋液也不要再加了。〔图7〕
8. 将面糊装入挤花袋中，用大口径的挤花嘴在防粘烤焙布上间隔整齐地挤出一个一个的球形（没有挤花袋可以用汤匙舀）。〔图8～图10〕
9. 挤好后，在面糊上喷洒一些水（避免一进烤箱就将表面烤干，影响膨胀）。〔图11〕
10. 放入已经预热至190℃的烤箱中，烘烤15min到表面呈金黄色即可。〔图12〕

Churro

吉拿

　　这是源于西班牙与葡萄牙的一款简单的家常甜点，可以当作早餐或下午茶点心搭配咖啡食用，也称为"西班牙甜甜圈"。将泡芙面糊用星形挤花嘴挤出长条状或圈状，用油炸的方式处理。吃的时候，可以按照个人喜好撒上肉桂糖粉或淋上巧克力酱，呈现出与泡芙完全不同的风味。

Baking Points

分量：约10条

油炸温度：100～120℃

油炸时间：1～2min

❀ 材料

A. 泡芙面糊〔图A〕

无盐奶油45g 牛奶85mL 低筋面粉55g

鸡蛋2个 香草酒1/4小匙

盐1/8小匙 炸油300mL

B. 沾粉〔图B〕

细砂糖1大匙 肉桂粉1小匙

A　　B

❀ 做法

1. 将材料称量好。无盐奶油回复室温，切成小块。〔图1〕

2. 将低筋面粉用过滤筛网过筛。〔图2〕

3. 将鸡蛋打散。〔图3〕

4. 将牛奶与无盐奶油放入锅中，以中小火煮至沸腾。〔图4〕

5. 将过筛的低筋面粉一口气倒入，再加入香草酒与盐，用木匙快速搅拌。〔图5、图6〕

6. 搅拌到面粉完全成团、不粘锅且变得有一点透明即离火。〔图7〕

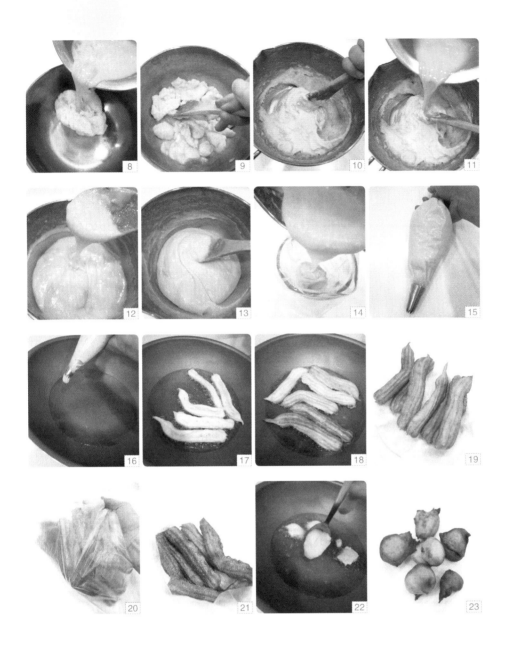

7. 将面团稍微放凉一些，将全蛋液分四五次慢慢加入，每一次加入都要搅拌均匀后再加下一次。〔图8～图13〕

8. 将完成的面糊装入挤花袋中，使用1cm的星形挤花嘴。〔图14、图15〕

9. 锅中倒入炸油，油温热后，直接将面糊挤入锅中。〔图16、图17〕

10. 以小火炸至面糊呈金黄色即可捞起。〔图18、图19〕

11. 将完成的吉拿放入塑料袋中，倒入沾粉摇一摇即可。〔图20、图21〕

12. 若没有挤花袋，可以直接使用汤匙舀取适量面糊放入油锅中，炸到呈金黄色即可。〔图22、图23〕

冰凉甜点

Tiramisu & Ice-cream
Cake & Pudding

- 简易提拉米苏 Tiramisu
- 巧克力脆饼冰淇淋蛋糕 Ice Cream Cake
- 自制生乳酪草莓蛋糕 Strawberry Ricotta Cheesecake
- 草莓生乳酪蛋糕 Strawberry Cheesecake
- 脆焦糖布丁 Creme Brulee
- 南瓜乳酪布丁 Pumpkin Cream Cheese Pudding

Tiramisu

简易提拉米苏

　　很开心有机会到高雄餐旅大学做一场料理示范。3个半小时的时间中，我带着同学们一起制作了手工比萨、油醋沙拉及简易提拉米苏，与30名同学度过了一个热闹又有趣的下午。看到同学们一张张年轻、充满自信又活泼的脸庞，自己仿佛也回到了学生时代。

　　烘焙教室设备齐全，可以感觉得到现在的孩子真的非常幸福。大学科系的多元化，让有心做餐饮的人有更多的选择。祝福你们在自己兴趣的道路上找到人生目标、在餐饮旅馆领域展现自我！

　　夏天到了，我习惯在冰箱里准备一些冰凉甜点。不需要打蛋黄酱，也不需要添加明胶，利用市售的蛋黄饼干也节省了烘烤手指饼干的时间。虽然简单却不失传统提拉米苏的风味，不想花太多时间的朋友可以试试这款简易提拉米苏，一定让家人嘴角上扬！

Baking Points

 分量：约6人食用

（直径7cm、高6cm的塑料杯）

烘烤温度：×

烘烤时间：×

◎ 材料

动物性鲜奶油150g　热水50mL
速溶咖啡粉1大匙　马斯卡朋起司300g
细砂糖50g　市售蛋黄饼干12片
无糖纯可可粉1大匙

准备工作

1. 将动物性鲜奶油用电动打蛋器低速打至八分发（不流动的状态），放入冰箱冷藏1~2h。（图1）

2. 将速溶咖啡粉倒入热水中混合均匀，溶化后放凉。（图2、图3）

3. 将马斯卡朋起司用打蛋器搅成乳霜状（约1min）。（图4）

4. 将细砂糖加入混合均匀。（图5、图6）

5. 再将事先打发的鲜奶油加入混合均匀。（图7~图9）

6. 将市售蛋黄饼干两面都沾上浓咖啡液。（图10）

7. 将一片蛋黄饼干均匀放入容器底部。（图11）

8. 均匀铺上一半的奶油起司馅。（图12）

9. 再铺上一片沾有咖啡液的蛋黄饼干。（图13）

10. 平均铺上另一半的奶油起司馅。（图14）

11. 在桌上轻敲几下，让表面的奶油起司馅摊平整。

12. 表面封上保鲜膜或盖上盖子，放入冰箱冷藏3~4h。

13. 吃之前，用过滤筛网筛上一层无糖纯可可粉即可。（图15）

Carol's Memo

a. 动物性鲜奶油选择乳脂肪含量在35%以上的才容易打发。

b. 市售蛋黄饼干也可以用任何自己喜欢的饼干代替。

c. 容器可以使用家中的玻璃杯或瓷杯。

d. 马斯卡朋起司也可以用奶油乳酪代替，做法相同，但成品味道比用马斯卡朋起司做的浓些。材料如下：动物性鲜奶油200g、速溶咖啡粉1大匙、奶油乳酪250g、细砂糖50g、市售蛋黄饼干12片、热水50mL、无糖纯可可粉1大匙。

巧克力脆饼冰淇淋蛋糕

　　夏天的脚步越来越近了，甜点种类也要跟着变换。将市售的材料组合起来，就可以完成一个非常特别又讨人喜欢的冷冻点心。亲手做一个蛋糕，给全家一个惊喜。

　　这个星期日是母亲节，妈妈是家中最辛苦的人。为了家人终年付出而没有任何报酬，一定要大声告诉妈妈：我爱你！祝福所有妈妈健康快乐！

Baking Points

分量：约1个（42cm×30cm的平板蛋糕烤盘）＋1个（8英寸分离式烤模）

烘烤温度：170℃

烘烤时间：12～15min

◎ 材料

A. 巧克力海绵蛋糕
　　鸡蛋5个　细砂糖75g　牛奶25mL
　　植物油25g　低筋面粉90g
　　无糖纯可可粉30g

B. 巧克力脆饼冰淇淋
　　原味鲜奶冰淇淋800g　巧克力夹心饼干150g
　　冷冻蓝莓150g

C. 表面装饰
a. 动物性鲜奶油300g　细砂糖30g
　　白兰地1/2大匙
b. 巧克力夹心饼干7片　冷冻蓝莓适量

◎ 准备工作

1. 将所有材料称量好，鸡蛋必须是室温的。（图1）

2. 将低筋面粉与无糖纯可可粉用过滤筛网过筛。（图2）

3. 烤盘中铺上一张烤焙纸。（图3）

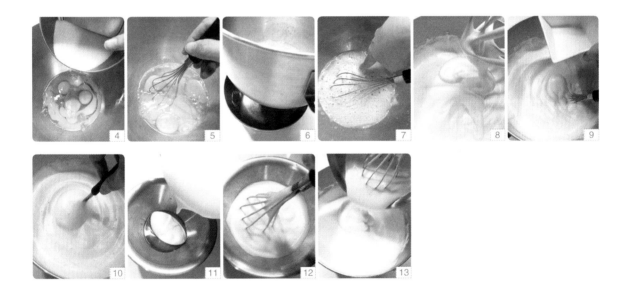

◎ 做法

1. 用打蛋器将鸡蛋与细砂糖打散并搅拌均匀。（图4、图5）

2. 找一个比搅拌用钢盆稍微大一些的钢盆装上水，煮至50℃。

3. 将搅拌用钢盆放在已经煮热的水中，隔水加热。（图6）

4. 用手指不时试一下蛋液的温度，若感觉到温热（37～40℃），就将钢盆从热水上移开。（图7）

5. 移开后用电动打蛋器高速将全蛋液打发。

6. 打到蛋糊膨松，拿起打蛋器时滴落下来的蛋糊有非常清楚的折叠痕迹就说明全蛋液打发完成（8～10min）。（图8）

7. 将牛奶倒入蛋糊中，用打蛋器混合均匀。（图9、图10）

8. 将一部分蛋糊倒入植物油中，用打蛋器搅拌均匀。（图11、图12）

9. 再将搅拌均匀的混合物倒回剩余蛋糊中，用打蛋器搅拌均匀。（图13）

10. 最后将过筛的粉类分三四次加入蛋糕中（加入粉类的时候不要扬得太高，以免蛋糊消泡）。（图14、图15）

11. 将完成的面糊倒入烤盘中，在桌上敲几下以敲出大气泡。（图16）

12. 放入已经预热至170℃的烤箱中烘烤12~15min，至表面轻拍有沙沙声即可。（图17）

13. 取出后移到桌上，将四周的烤焙纸撕开，放凉（蛋糕一定要移出烤盘，以免烤盘余温将蛋糕焖至干硬）。（图18）

14. 完全放凉后，将蛋糕翻过来，底部的烤焙纸撕开。（图19）

15. 放凉的蛋糕按照分离式烤模的底盘切出两片备用。（图20、图21）

16. 将原味鲜奶冰淇淋从冰箱中取出，室温放置30~40min软化。

17. 将巧克力夹心饼干装入较厚的塑料袋中，用擀面杖打碎。（图22）

18. 将软化的冰淇淋放入大碗中搅成乳霜状。（图23）

19. 将饼干碎及冷冻蓝莓加入混合均匀。（图24、图25）

20. 将分离式烤模的底板包覆一层保鲜膜，将蛋糕片放入。

21. 将一半的冰淇淋填入整平。（图26、图27）

22. 继续将另一片蛋糕片铺上，将剩下的冰淇淋填入整平。（图28~图30）

23. 放入冰箱冷冻室中，冷冻8~10h至变硬。

24. 将动物性鲜奶油、细砂糖、白兰地用手提式电动打蛋器低速打至九分发（不流动的状态），可以事先打好放入冰箱冷藏至少30min后再使用。〔图31〕

25. 将冷冻完成的冰淇淋蛋糕取出，用抹刀沿着边缘划一圈脱模。〔图32〕

26. 将蛋糕移到大盘子上。〔图33〕

27. 将打发的动物性鲜奶油均匀地抹在蛋糕表面及侧面。〔图34~图36〕

28. 剩下的动物性鲜奶油可以装入挤花袋中，在蛋糕表面挤出自己喜欢的装饰。

29. 将5片巧克力夹心饼干对半切开，与蓝莓一起装饰在表面。〔图37〕

30. 将剩下的2片饼干装入较厚的塑料袋中，用擀面杖打碎，装饰在蛋糕底部一圈。〔图38~图40〕

31. 放回冰箱冷冻室中，再冷冻4~5h。〔图41〕

Carol's Memo

a. 做之前冰箱冷冻室请先清出一个位置。
b. 海绵蛋糕也可以按照个人喜好用戚风蛋糕代替。
c. 冰淇淋可以选择自己喜欢的口味。
d. 巧克力夹心饼干及冷冻蓝莓可以按照个人喜好选择。
e. 装饰可以按照个人喜好自由发挥。
f. 涂抹鲜奶油时尽量快速，以免熔化后不好操作。

自制生乳酪草莓蛋糕

大家是如何过年的？到广场看璀璨的烟火，在家看电视，上网聊天、打游戏，还是和亲朋好友聚在一起热闹地喊倒数。

对我来说，年夜好像没有任何不同，与平常的日子一样，窝在沙发上看影集，脚边开着电暖炉，身边一群猫咪围绕着。还没来得及等到零点，才十点多我就眼皮沉重，早早去梦周公了。

新的开始，代表新的气象，不愉快都将随风散去……新年快乐！

Baking Points

分量：**1个**（6英寸慕斯模）

烘烤温度：×

烘烤时间：×

◎ 材 料

A. 巧克力饼干底

市售巧克力夹心饼干100g　无盐奶油30g

B. 草莓生乳酪内馅

a. 动物性鲜奶油100g　细砂糖10g

b. 柠檬汁10mL　明胶6g　新鲜草莓80g
细砂糖20g　冰水适量

c. 自制新鲜乳酪150g（做法请参考33页）
细砂糖30g　原味酸奶100g（图A）

C. 草莓柠檬果冻

柠檬汁45mL　明胶片2g　冰水适量
冷开水45mL　细砂糖20g
新鲜草莓250g（图B）

A

B

⚙ 做法

A 制作巧克力饼干底

1. 在慕斯模底部包覆一层保鲜膜。〔图1〕
2. 将巧克力夹心饼干放入较厚的塑料袋中，用擀面杖敲打、擀压成碎块状。〔图2～图4〕
3. 将无盐奶油加热熔化成液状，倒入饼干碎中混合均匀。〔图5、图6〕
4. 将饼干碎均匀地压在慕斯模底部，用力压紧。〔图7、图8〕
5. 放入冰箱冷藏30min冰硬。

B 制作草莓生乳酪内馅

6. 将动物性鲜奶油与细砂糖打至九分发后，放入冰箱冷藏备用（做法请参考40页鲜奶油打发）。〔图9、图10〕
7. 将柠檬榨出汁液，取10mL。〔图11〕
8. 将明胶片泡入冰水中软化（泡的时候不要重叠放置，且要完全压入水里，泡到膨胀、发皱的状态）。〔图12〕

9. 将新鲜草莓清洗干净、去蒂，用食物调理机打成细致的泥状。〔图13〕

10. 加入柠檬汁及细砂糖，放到火炉上，煮至糖溶化。〔图14、图15〕

11. 将软化的明胶片捞起，水分挤干后，加入草莓酱中混合均匀，放凉。〔图16、图17〕

12. 将自制新鲜乳酪与细砂糖搅拌均匀。〔图18、图19〕

13. 将原味酸奶分两三次加入，混合均匀。〔图20、图21〕

14. 再将冷却的草莓酱加入，搅拌均匀。〔图22、图23〕

15. 最后将事先打发的动物性鲜奶油加入，混合均匀。〔图24、图25〕

16. 将完成的内馅倒入慕斯模中整平。〔图26、图27〕

17. 放入冰箱中冷藏3～4h到表面完全凝固。

C 制作草莓柠檬果冻

18. 将柠檬榨出汁液，取45mL。

19. 将明胶片泡入冰水中约5min至软化（泡的时候不要重叠放置，且要完全压入水里）。（图28）

20. 将柠檬汁、冷开水、细砂糖放入盆中，加热至糖溶化。（图29、图30）

21. 将软化的明胶片捞起，水分挤干后加入柠檬汁中混合均匀，放凉。（图31）

22. 将新鲜草莓清洗干净、去蒂，切成两半。（图32）

23. 将已经凝固的蛋糕从冰箱中取出，将新鲜草莓铺在表面。（图33）

24. 倒入做好的柠檬果冻液至满。（图34）

25. 放入冰箱冷藏过夜到完全凝固。（图35）

26. 脱模时可以在慕斯模周围包覆温热的毛巾，覆盖一会儿即可脱模取出。

27. 表面的草莓上可以涂抹一些果胶增加光泽，没有果胶的话可以用杏子或柑橘类果酱代替。（图36、图37）

28. 切的时候，可以将刀稍微用温毛巾热一下，这样切得比较漂亮。

草莓生乳酪蛋糕

草莓的季节总不例外要做一些草莓甜点，光看那鲜红的颜色就令人心花怒放。

酥脆的杏仁饼干底配合滋味浓郁的香草乳酪，再与晶莹剔透的微酸的白葡萄草莓果冻交会，入口三重享受，成品也美极了！有甜点相伴，我在我的小天地中自在又快乐！

Baking Points

🍳 分量：**1个**（6英寸慕斯模）

📄 烘烤温度：**170℃**

⏲ 烘烤时间：**12～15min**

❀ 材 料

A. 杏仁饼干底

低筋面粉60g 杏仁粉30g 细砂糖40g
植物油30g 杏仁粒30g（图A）

B. 生乳酪冻

动物性鲜奶油60g 牛奶60g 细砂糖40g
香草荚1/4根 明胶片3g（约1片）冰水适量
奶油乳酪200g 各种果干1小把（图B）

A

B

C

C. 白葡萄草莓果冻
    明胶片6g
    冰水适量
    白葡萄果汁200mL
    细砂糖20g
    柠檬汁1大匙
    新鲜草莓7~8个
    （图C）

☼ 做法

▌A 制作杏仁饼干底 ▏

1. 将所有材料称量好。
2. 将低筋面粉用过滤筛网过筛。（图1）
3. 将慕斯模底部包覆一层铝箔纸，放在烤盘上。（图2）
4. 将低筋面粉、杏仁粉和细砂糖依次放入盆中，将植物油倒入混合成团状。（图3、图4）
5. 最后将杏仁粒加入快速混合均匀。（图5、图6）
6. 将杏仁面团平均压在慕斯模底部。（图7、图8）
7. 放进已经预热至170℃的烤箱中烘烤12~15min后取出，放凉备用。（图9）

▌B 制作生乳酪冻 ▏

8. 将奶油乳酪放置在室温中完全回温，将果干切碎。
9. 将明胶片泡入冰水中约5min至软化（泡的时候不要重叠放置，且要完全压入水里）。（图10）
10. 将牛奶、动物性鲜奶油、细砂糖放入钢盆中。（图11）
11. 将香草荚切开，用小刀将其中的黑色香草子刮下来。
12. 将香草荚及黑色香草子放入牛奶混合液中混合均匀，并加热至细砂糖溶化。（图12）
13. 将香草荚捞起弃去。

14. 最后将泡软的明胶捞起，水分挤干后加入煮热的牛奶混合液中
混合均匀。（图13、图14）

15. 将回温的奶油乳酪切成小丁状。（图15）

16. 用打蛋器将奶油乳酪搅打成细致的乳霜状。

17. 将煮好的牛奶混合液分四五次慢慢加入，搅拌均匀，放凉。
（图16、图17）

18. 放凉后，倒入已经烤好并放凉的饼干底上。（图18）

19. 最后将各种果干均匀撒上。（图19）

20. 放入冰箱冷藏3～4h到完全凝固。（图20）

C 制作白葡萄草莓果冻

21. 将明胶片泡入冰水中约5min至软化（泡的时候不要重叠放置，且要完全压入水里）。

22. 将白葡萄果汁、细砂糖、柠檬汁混合均匀，加热至细砂糖溶化。（图21）

23. 然后将软化的明胶捞起，水分挤干后加入果汁中，搅拌均匀后放凉。（图22）

24. 将新鲜草莓洗干净，去蒂，切成片状。

25. 将草莓铺在已经凝固的乳酪冻上方。

26. 然后将冷却的果冻液倒满，放入冰箱冷藏3～4h到凝固即可。（图23）

27. 用一把小刀沿着冷藏好的蛋糕边缘划一圈即可脱模。（图24、图25）

Carol's Memo

a. 杏仁粒也可以用其他自己喜欢的坚果切碎代替。

b. 白葡萄果汁也可以用苹果汁代替。

c. 1片明胶片大小为23cm×7cm，重约3g。

d. 切蛋糕的时候，将刀稍微温热一下就可以切得漂亮。

e. 移动成品的时候，底部包覆有铝箔纸，先将蛋糕连同铝箔纸整个放到左手中托着，右手慢慢将铝箔纸撕下。然后一边撕铝箔纸，一边慢慢将蛋糕移到右手中，这样就可以将成品放到适合的盘子上了。

Creme Brulee

脆焦糖布丁

　　胖钮阿姨是在博客上认识的博友，我们没有见过面，单纯用彼此的文字及料理照片交流。记得她第一次在博客上的留言，密密麻麻写了好长一篇，仔细叙述自己如何来到我的博客，并开始尝试动手做一些馒头、包子、葱油饼等面点，让她在待业的过程中，可以学习一些新的料理及烘焙技术。

　　她非常有正义感，是非分明，有着侠女般打抱不平的个性，虽然没有听过她的声音，但是从她的文字中，可以感觉到她爽朗又充满豪气的笑声。每一次做了好吃的料理，一定迫不及待来和我分享，文章中也满是她对女儿"妹仔"的爱。这些情谊我永远珍惜。

　　好多朋友想尝试的小点心，表面一层薄脆的糖衣，内部是浓郁软滑的鸡蛋布丁，饭后来一客，甜甜蜜蜜。

Baking Points

🍳 分量: **2个**（直径9cm的瓷碗）

🍞 烘烤温度: **140℃**

⏲ 烘烤时间: **38～40min**

❀ 材 料

A. 布丁
香草荚1/4根　牛奶70g
动物性鲜奶油130g　蛋黄2个
细砂糖20g

B. 表面脆糖
细砂糖适量

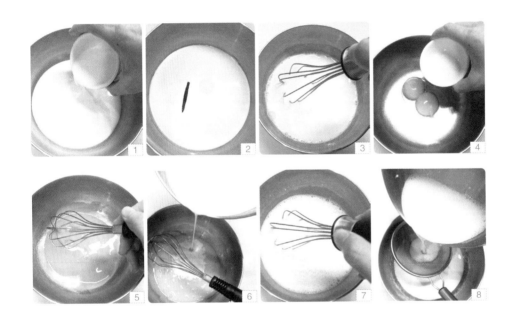

❀ 做法

1. 将香草荚剖成两半，用小刀将香草子刮下。
2. 将牛奶与动物性鲜奶油放入盆中。〔图1〕
3. 将香草荚及香草子放入。〔图2〕
4. 小火边煮边搅拌，煮3～4min关火，将香草荚捞起。〔图3〕
5. 将蛋黄放入盆中，倒入细砂糖混合均匀。〔图4、图5〕
6. 将煮热的牛奶混合液以线状慢慢倒入蛋液中，混合均匀。〔图6、图7〕
7. 将完成的布丁液用过滤筛网过筛。〔图8〕

8. 平均倒入耐热容器中，间隔整齐地放入烤盘。〔图9〕

9. 烤盘中倒入约耐热容器高度一半的沸水。〔图10〕

10. 放入已经预热至140℃的烤箱中，烘烤38～40min。

11. 烤好后取出，在热水中放凉，放入冰箱冷藏5～6h。〔图11〕

12. 在冰透的布丁表面均匀地撒上一层细砂糖。〔图12〕

13. 使用厨用喷枪将细砂糖加热熔化成一层脆焦糖。〔图13、图14〕

14. 再放进冰箱冷藏至脆焦糖变硬即可（只要冰几分钟将焦糖冰硬就可以吃了，不然冰久了，表面的焦糖会溶化）。〔图15、图16〕

Carol's Memo

a. 香草荚可以用1小匙香草酒代替。

b. 牛奶及动物性鲜奶油的比例可以自行调整，动物性鲜奶油的比例越高，成品口感越浓郁。

c. 若没有厨用喷枪，以下三种方式可以尝试：

　　● 将1大匙细砂糖放在炒锅中，小火煮至糖熔化成糖浆，再淋在冰透的布丁表面。

　　● 将铁汤匙在火炉上加热，然后用烧热的铁汤匙背面烫细砂糖，使细砂糖熔化。铁汤匙要洗干净再加热，一直重复这样的过程。

　　● 将撒上细砂糖的布丁放入已经预热至200℃的烤箱中，烘烤到糖熔化（表面尽量靠近上层灯管）。

d. 这款点心因为需要烘烤，所以不适合使用植物性鲜奶油。植物性鲜奶油不可以加热，不然会油水分离。

南瓜乳酪布丁

不管是雕成鬼脸的南瓜灯，还是各式各样用南瓜制作的糕点，黄澄澄的南瓜绝对是万圣节少不了的主角。

直接用南瓜当作盛装容器，这款滋味浓郁的南瓜乳酪布丁好看又好吃。

"Trick or Treat?"不给糖就捣蛋！

你准备好了吗？

Baking Points

分量：5~6人食用

烘烤温度：170℃→160℃

烘烤时间：20min→30min

❀ 材料

南瓜泥150g 鸡蛋1个 蛋黄1个

细砂糖40g 动物性鲜奶油80g 牛奶50g

乳酪片45g（约2片）

❀ 做法

1. 将整个中型南瓜（约900g）连皮洗刷干净。〔图1〕
2. 将南瓜整个放入蒸锅中，大火蒸10~12min至软。
3. 从顶部约1/5处切开。〔图2〕
4. 将子挖除，南瓜肉挖出，边缘保留约1cm的厚度。〔图3、图4〕
5. 将南瓜泥用过滤筛网仔细过筛，取150g。〔图5〕
6. 将鸡蛋及蛋黄放入盆中，加入细砂糖混合均匀。〔图6、图7〕
7. 将动物性鲜奶油与牛奶放入另一个盆中，加入撕碎的乳酪片。〔图8〕
8. 放在火炉上，以小火煮至乳酪片溶化即可（不需要煮到沸腾）。〔图9〕

9. 将煮热的牛奶乳酪液以线状慢慢加入蛋液中，边加边搅拌。（图10）

10. 再将南瓜泥加入混合均匀。（图11、图12）

11. 将完成的布丁液用过滤筛网过滤。（图13）

12. 将南瓜容器放入一个深盆中，将布丁液倒入。（图14、图15）

13. 将深盆放在烤盘上，烤盘中倒入约1cm高的沸水。（图16）

14. 放入已经预热至170℃的烤箱中烘烤20min，然后将温度调整到160℃再烘烤30min，至竹签插入没有蛋液冒出即可。（图17）

15. 完全放凉后，放入冰箱冷藏5~6h冰透。

16. 切成自己喜欢的大小食用。（图18）

 Carol's Memo

a. 动物性鲜奶油可以用3/4分量的全脂牛奶代替。

b. 烘烤时间会因为布丁液的厚度而有些差异。

c. 若南瓜分量比较大，请自行等比例增加材料。

d. 乳酪片可以用奶油乳酪代替。

e. 南瓜泥过筛的步骤请勿省略，只有这样做，布丁组织才会细致滑嫩。

Candy

糖果
Candy

- 果冻软糖 Gummy Candy
- 焦糖牛奶糖 Milk Candy
- 杏仁脆饼巧克力 Chocolate with Cookies
- 白兰地生巧克力 Chocolate with Brandy
- 什锦松露巧克力 Chocolate Truffle
- 巧克力杏仁脆棒 Chocolate with Cornflakes Marshmallow Bar
- 枣泥核桃糕 Walnuts Pastilles
- 法式李子软糖 Pates de Fruits Cassia
- 草莓鲜果软糖卷 Fruit Leather
- 麦片果仁棒 Energy Bar
- 杏仁牛轧糖 Nougat

Candy

Gummy Candy

果冻软糖

台北一天比一天热，像一个大烤箱，站在路口等着过马路，热气迎面扑来，感觉整个人都要蒸发了。能够躲在家里避暑真是件幸福的事，也要向在大太阳下仍然努力挥汗工作的人致敬，真是辛苦了！

放暑假，可以带着小朋友利用明胶粉简单做一些水果软糖。软弹的口感，酸甜的口味，它是酷暑中让人惊喜的小零食。

Baking Points

 分量：5~6人食用

 烘烤温度：×

 烘烤时间：×

💧 材料

蔓越莓果汁90mL　明胶粉15g

蔓越莓果酱（含果粒）25g

柠檬汁1/2大匙　蜂蜜2大匙

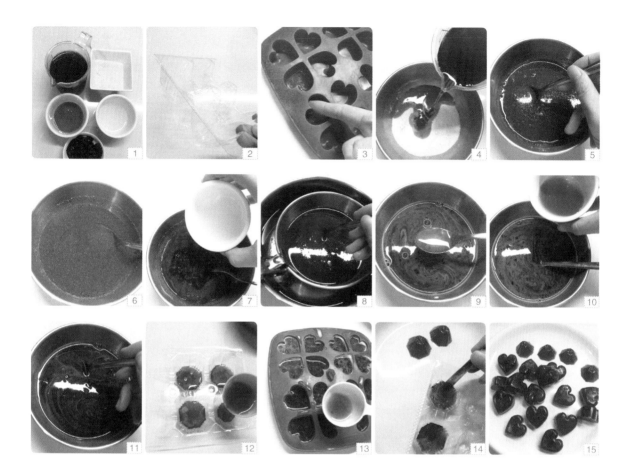

做法

1. 将所有材料称量好。〔图1〕
2. 准备制冰盒或洗干净的鸡蛋盒当作模具。〔图2〕
3. 在模具中抹上一层薄薄的植物油（分量外，方便脱模）。〔图3〕
4. 将蔓越莓果汁倒入明胶粉中混合均匀，静置5~6min，让明胶粉完全吸水膨胀。〔图4~图6〕
5. 再依次将蔓越莓果酱、柠檬汁加入混合均匀。〔图7〕
6. 准备一个稍微大一点的锅，加入适量的水煮沸。〔图8〕
7. 用隔水加热的方式使明胶粉完全溶解。〔图9〕
8. 最后倒入蜂蜜混合均匀，放凉即可。〔图10、图11〕
9. 将放凉的果冻液倒入模具中。〔图12、图13〕
10. 放入冰箱冷藏2~3h至完全凝固。
11. 从模具中取出即完成。〔图14〕
12. 将成品放入冰箱密封冷藏保存。〔图15〕

Carol's Memo

a. 果汁及果酱的口味可以按照个人喜好选择，如柳橙汁搭配橘子果酱，葡萄汁搭配葡萄果酱。
b. 蜂蜜也可以用糖代替，甜度请按自己的口味调整。

Milk Candy

焦糖牛奶糖

　　冰箱里的鲜奶油已经开封了一段时间，要找机会把它利用一下。我喜欢"吃软不吃硬"，硬邦邦的糖果都不是我的口味，奶味香浓的牛奶糖却能虏获我的心。

　　加了自制的焦糖酱细细熬煮，这牛奶糖浓得够味！

Baking Points

 分量：约12个

 烘烤温度：×

 烘烤时间：×

❀ 材 料

动物性鲜奶油50mL　全脂鲜奶100mL

细砂糖35g　蜂蜜5g　奶油焦糖酱5g

（奶油焦糖酱的做法请参考32页）

✿ 做法

1. 将材料称量好。

2. 准备一张防粘烤焙纸。〔图1〕

3. 将所有材料依次倒入钢盆中。〔图2、图3〕

4. 以中小火加热至沸腾后，改为小火慢慢熬煮。〔图4、图5〕

5. 熬煮过程中如果糖浆越来越浓稠，必须不停地搅拌以免焦底。

6. 持续煮到糖浆温度达到115～118℃，或将糖浆滴入冰水中会凝结成团状固体，就表示煮好了（整个过程需20min以上）。〔图6、图7〕

7. 将糖浆舀入防粘烤焙纸中抹平整。〔图8、图9〕

8. 完全凉透后稍微用手整平。〔图10〕

9. 放入冰箱冷藏一夜后取出。〔图11〕

10. 用刀切成自己喜欢的形状。〔图12〕

11. 将防粘烤焙纸裁成适当的大小，将牛奶糖包起来即可。〔图13〕

12. 若放入冰箱冷藏，可以保存半年以上。

Carol's Memo

a. 焦糖酱可以用麦芽糖或细砂糖代替。

b. 请勿使用植物性鲜奶油，不然会油水分离造成失败。

c. 做的分量越多，熬煮的时间就会越长。

d. 煮制不够做出来的成品会偏软，煮制过久成品会偏硬，可以按照自己的喜好操作。

杏仁脆饼巧克力

当你爱一个人爱了很久时，不知不觉会渐渐改变习惯。因为你知道对方也同样爱你，就开始不再把爱挂在嘴边，不再用行动表示。两个人相处久了，一切都被视为理所当然，我们常常忽视身边的伴侣或家人心中的感受。还记得恋爱时会为了心爱的人花费心思准备惊喜，会为了特别的日子刻意打扮，会一起出门看场喜欢的电影，会手牵手到公园散步。

不要忘记口头上的称赞，不要忽略该有的表示，给最爱的他一句感谢、一个温暖的拥抱，让他知道你有多爱他。七夕情人节甜甜蜜蜜！

Baking Points

🍳 分量：约16个

🍰 烘烤温度：150℃

⏲ 烘烤时间：5～6min

❀ 材 料

饼干70g　杏仁粒20g　苦甜巧克力砖150g

做法

1. 将饼干装入厚塑料袋中，用擀面杖敲成碎粒。（图1）

2. 将杏仁粒平摊在烤盘上，放入已经预热至150℃的烤箱中烘烤5～6min后取出，放凉备用。（图2）

3. 将苦甜巧克力砖切碎，放入钢盆中。（图3）

4. 找一个比搅拌用钢盆稍微大一些的钢盆装上水，煮至50℃。（图4）

5. 将装有巧克力碎的钢盆放在已经煮至50℃的水中，用隔水加热的方式熔化巧克力（熔化过程需要7～8min，中间稍微搅拌一下会加快速度。若水温变低，可以再加热到50℃）。（图5、图6）

6. 将杏仁粒及饼干碎倒入巧克力浆中，充分混合均匀。（图7～图9）

7. 将完成的巧克力馅料装入模具中。（图10）

8. 手上包覆一层塑料袋，用力压紧巧克力馅料至平整（填压得越扎实，成品越漂亮）。（图11）

9. 室温静置到完全凝固。（图12）

10. 巧克力硬透后，从模具背后将成品推出。（图13、图14）

11. 用铝箔纸剪出适当的大小，包覆完成的巧克力即可。（图15、图16）

Carol's Memo

a. 巧克力砖可以使用任何自己喜欢的口味。

b. 杏仁粒可以用其他坚果代替。

c. 饼干可以使用任何自己喜欢的口味。

d. 若天气热，巧克力可以放入冰箱冷藏，但巧克力冷藏久了，表面会出现白色斑点。一旦出现了白色斑点，就没有办法恢复了。如果要避免这样的情形，熔化后的巧克力装进模具中不能放入冰箱，必须在室温下凝固。

白兰地生巧克力

1990年，我22岁，在台北与Jay相遇。刚失恋的我，遇到爽朗的他，悸动在心底。3年后，25岁的我与他踏入礼堂，共同组成一个家。从此，生命变成一个圆，我再也不是一个人，身边有双大手随时给我温暖、给我依靠。日历一天天翻过，青春也一天天消逝，不变的是牵绊一生的感情，记忆中永远留下甜甜的回忆。

入口即化，充满醇厚酒香，这款生巧克力属于大人的口味，分享给最爱的人！

Baking Points

分量：14.5cm × 14.5cm的方形容器

烘烤温度：×

烘烤时间：×

❀ 材 料

A. 生巧克力

苦甜巧克力砖（可可含量52%）200g

动物性鲜奶油60g 白兰地40mL

B. 表面沾粉

无糖纯可可粉1.5大匙

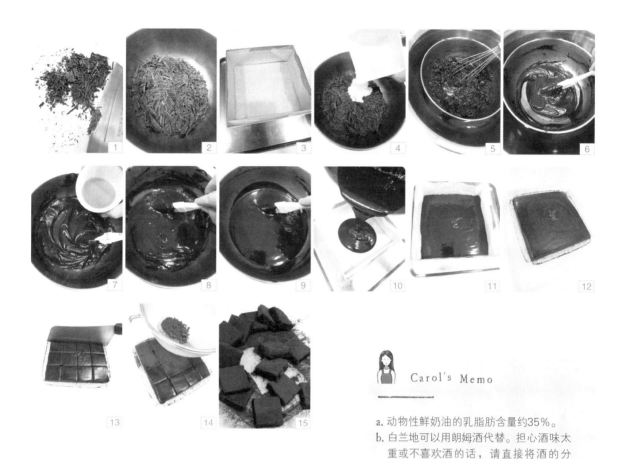

Carol's Memo

a. 动物性鲜奶油的乳脂肪含量约35%。

b. 白兰地可以用朗姆酒代替。担心酒味太重或不喜欢酒的话，请直接将酒的分量减少或取消，减少或取消的部分用室温牛奶代替。

c. 巧克力砖可以使用自己喜欢的口味。

◎ 做法

1. 将苦甜巧克力砖用刀切碎，放入钢盆中。〔图1、图2〕

2. 准备一个方形铁盘，铺上一层防粘烤焙纸。〔图3〕

3. 找一个比搅拌用钢盆稍微大一些的钢盆装上水，煮至50℃。

4. 将动物性鲜奶油加热至沸腾前离火，倒入巧克力碎中，混合均匀。〔图4〕

5. 将装有巧克力碎的钢盆放在已经煮至50℃的水中，用隔水加热的方式将巧克力完全熔化（熔化过程需要7~8min，中间稍微搅拌一下会加快速度。若水温变低，可以再加热到50℃）。〔图5、图6〕

6. 再将白兰地加入混合均匀。〔图7~图9〕

7. 将巧克力浆倒入铺有防粘烤焙纸的容器中。〔图10〕

8. 完全凉透后，放入冰箱冷藏1~2h至凝固。〔图11、图12〕

9. 将冷藏好的生巧克力从防粘烤焙纸上撕下，切成自己喜欢的大小。〔图13〕

10. 表面均匀地撒上一层无糖纯可可粉，使巧克力表面均匀沾上即可。〔图14、图15〕

11. 此生巧克力入口即化，请放入冰箱冷藏保存。

Chocolate Truffle

什锦松露巧克力

甜甜蜜蜜又微苦的巧克力，代表恋人捉摸不定的心。五彩缤纷的什锦松露巧克力让心情也随之飞舞。用自己做的巧克力来表达浓浓的情意，这是冬季才可以享受的限定版。心中有爱，甜蜜无处不在。

Baking Points

 分量：约12个

烘烤温度：150℃

烘烤时间：6min

A　　　　　　　B

C

❂ 材 料

A. 蔓越莓口味

　　白巧克力55g　蔓越莓1小匙　动物性鲜奶油5g　草莓果酱15g〔图A〕

B. 苦甜松子口味

　　松子1小匙　苦甜巧克力砖55g　动物性鲜奶油15g

　　白兰地1/2小匙　杏仁碎1大匙（沾裹外层巧克力使用）〔图B〕

C. 香橙口味

　　白巧克力55g　动物性鲜奶油5g　橘子果酱15g

　　糖渍柠檬皮1小匙（做法请参考30页）〔图C〕

D. 组合装饰

　　白巧克力砖20g　蜜渍橙皮少许　苦甜巧克力砖140g　杏仁碎适量

1　　　2　　　3　　　4　　　5

6　　　7

❂ 做法

A 制作蔓越莓口味的巧克力

1. 将白巧克力用刀切成小碎屑，蔓越莓切碎。

2. 找一个比搅拌用钢盆稍微大一些的钢盆装上水，煮至50℃。

3. 将装有巧克力碎的钢盆放在已经煮至50℃的水中，用隔水加热的方式熔化巧克力，然后离开热水。〔图1〕

4. 将回温的动物性鲜奶油加入熔化的巧克力中混合均匀。〔图2〕

5. 依次将草莓果酱及蔓越莓碎加入混合均匀。〔图3～图5〕

6. 小盒子中覆盖一层保鲜膜，将混合完成的巧克力倒入。〔图6〕

7. 放入冰箱冷藏10min冰至稍微硬些，连着保鲜膜取出包覆起来，再放入冰箱冷藏约30min至硬。〔图7〕

B 制作苦甜松子口味的巧克力

8. 将松子及杏仁碎放入已经预热至150℃的烤箱中，烘烤6min后取出放凉，将松子切碎。〔图8〕

9. 将苦甜巧克力砖用刀切成小碎屑。

10. 找一个比搅拌用钢盆稍微大一些的钢盆装上水，煮至50℃。

11. 将装有巧克力碎的钢盆放在已经煮至50℃的水中，用隔水加热的方式熔化巧克力，然后离开热水。〔图9〕

12. 将回温的动物性鲜奶油加入熔化的巧克力中混合均匀。〔图10〕

13. 再将白兰地及松子碎加入混合均匀。〔图11、图12〕

14. 小盒子中覆盖一层保鲜膜，将混合完成的巧克力倒入。〔图13〕

15. 放入冰箱冷藏10min冰至稍微硬些，连着保鲜膜取出包覆起来，再放入冰箱冷藏约30min至硬。〔图14〕

C 制作香橙口味的巧克力

16. 将白巧克力用刀切成小碎屑，糖渍柠檬皮切碎。

17. 找一个比搅拌用钢盆稍微大一些的钢盆装上水，煮至50℃。

18. 将装有巧克力碎的钢盆放在已经煮至50℃的水中，用隔水加热的方式熔化巧克力，然后离开热水。

19. 将回温的动物性鲜奶油加入熔化的巧克力中混合均匀。

20. 依次将橘子果酱及糖渍柠檬皮碎加入，混合均匀。〔图15~图17〕

21. 小盒子中覆盖一层保鲜膜，将混合完成的巧克力倒入。

22. 放入冰箱冷藏10min冰至稍微硬些，连着保鲜膜取出包覆起来，再放入冰箱冷藏约30min至硬。

D 组合装饰

23. 将冰硬的巧克力从冰箱中取出，分别切成4等份（不要冰太硬，不然会不好操作）。〔图18〕

24. 将每一个巧克力团用手捏紧滚成球形。〔图19、图20〕

25. 再放回冰箱冷藏备用。〔图21〕

26. 将苦甜巧克力砖用刀切成小碎屑。〔图22〕

27. 找一个比搅拌用钢盆稍微大一些的钢盆装上水，煮至50℃。

28. 将装有巧克力碎的钢盆放在已经煮至50℃的水中，用隔水加热的方式熔化巧克力，放置在40℃左右的温水中保温（白巧克力砖做法相同）。〔图23、图24〕

29. 将冰箱中冷藏的巧克力球取出，放入巧克力酱中，使表面沾覆一层巧克力。〔图25〕

30. 用叉子将沾好的巧克力球取出，放在防粘烤焙纸上冷却。〔图26、图27〕

31. 事先烤好的杏仁碎可以趁巧克力尚未凝固前撒在巧克力球表面或放入巧克力酱中，就变成了不同的外皮。〔图28、图29〕

32. 将纸折成卷筒，将熔化的白巧克力放入，并在巧克力球表面挤出花纹。

33. 将完成的什锦松露巧克力放入冰箱冷藏保存。〔图30〕

Carol's Memo

a. 苦甜巧克力砖可以用牛奶巧克力砖代替。

b. 松子及杏仁碎可以用其他自己喜欢的坚果代替。

c. 糖渍柠檬皮可以用韩国柚子酱代替，取其中的柚子皮部分即可。

d. 巧克力砖加热的温度不可以超过50℃，不然巧克力会失去光泽。

巧克力杏仁脆棒

　　2月14日情人节有没有要和情人共享的幸福？那个总是在身边默默支持，不管伤心或喜悦都陪伴着你的人，别忘了给他一个大大的拥抱、谢谢对方时时刻刻温暖的守护。

　　利用家里简单的材料就能完成酥脆、不腻口的小点心，巧克力甜点永远是最好的选择，给情人甜甜嘴也甜甜心。情人节快乐！

Baking Points

🍴 分量：8～10人食用
（14.5cm×14.5cm的方形模具）

🍱 烘烤温度：×

🕐 烘烤时间：×

❀ 材 料

A. 巧克力棉花糖
　　苦甜巧克力砖125g　无盐奶油50g
　　棉花糖50g　玉米脆片（原味无糖）100g
　　杏仁粒40g
B. 表面装饰
　　杏仁粒少许

❀ 做法

1. 将苦甜巧克力砖切碎，无盐奶油切成小块。〔图1〕

2. 将杏仁粒均匀地铺在烤盘上，放入已经预热至140℃的烤箱中烘烤5～6min后取出，放凉备用。〔图2〕

3. 烤模上铺一层防粘烤焙纸。〔图3〕

4. 将苦甜巧克力碎及无盐奶油放入钢盆中。〔图4〕

5. 找一个比搅拌用钢盆稍微大一些的钢盆装上水，煮至50℃。

6. 将装有巧克力碎的钢盆放在已经煮至50℃的水中，用隔水加热的方式熔化巧克力（熔化过程需7～8min，中间稍微搅拌一下会加快速度。若水温变低，可以再加热到50℃）。〔图5～图7〕

7. 另外取一个耐热容器，均匀涂抹一层分量外的奶油。〔图8〕

8. 将棉花糖放入，放进微波炉中，以中火加热1～2min至棉花糖熔化（视熔化程度增加加热时间，每次1min）。〔图9、图10〕

9. 将熔化的棉花糖倒入巧克力酱中混合均匀。〔图11～图13〕

10. 将玉米脆片及杏仁粒倒入，仔细混合均匀，使玉米脆片完全黏附一层巧克力。〔图14～图16〕

11. 完成后倒入模具中。〔图17〕

12. 用力压紧（若没有压紧，切的时候容易散掉）。〔图18〕

13. 表面可以撒上一些烤熟的杏仁粒装饰。〔图19〕

14. 用手将杏仁粒稍微按压一下以利于黏着。〔图20〕

15. 放入冰箱冷藏2～3h至冰硬。〔图21〕

16. 冰硬后从冰箱中取出，脱模。〔图22〕

17. 切成自己喜欢的大小即可。〔图23、图24〕

18. 若天气太热没有吃完，请放入冰箱冷藏保存。

 Carol's Memo

a. 巧克力砖的口味可以按照自己的喜好选择。若不喜欢太甜，建议选择苦甜口味。

b. 杏仁粒可以用其他坚果切碎代替。

c. 熔化巧克力时请特别注意：温度若超过50℃，会造成巧克力油水分离，使成品口感变差。

d. 棉花糖也可以用隔水加热的方式熔化。

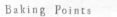

枣泥核桃糕

过年时，家里免不了都会准备一些糖果、零食。小时候，我最喜欢的糖果是南枣核桃糕，这也是父亲的最爱，吃起来不粘牙又有丰厚的坚果并带有微酸的果香。在儿时，这可是非常难得的糖果，只有过年才吃得到。这么多年，我还是对这个味道情有独钟，吃一小块就让我回味不已。

找了时间自己动手，打算带回家再泡壶好茶，和父亲聊聊天一起品尝，看看父亲脸上开心的笑容。

Baking Points

 分量：成品约1kg

 烘烤温度：×

 烘烤时间：×

❀ 材料

A. 枣泥馅

　　干燥黑枣250g　干燥红枣180g

B. 枣泥核桃糕

a. 枣泥馅450g　核桃仁450g

b. 玉米淀粉60g　冷开水80g

c. 冷开水55g　黄砂糖160g　水麦芽320g

d. 无盐奶油40g

　　动物性鲜奶油（或牛奶）30g

◎ 做法

A 制作枣泥馅

1. 将干燥红枣及黑枣清洗干净，加入水（水量刚好淹没枣即可）。〔图1〕

2. 放入电饭锅中，外锅加1杯水蒸煮一次。

3. 将蒸好的枣取出，水分沥干。〔图2〕

4. 直接用手将枣皮剥去，然后去核。〔图3、图4〕

5. 将剥好的枣肉用过滤筛网过筛即可（或用刀尽量剁碎）。〔图5〕

B 制作枣泥核桃糕

6. 将所有材料称量好。〔图6〕

7. 将核桃仁放入已经预热至150℃的烤箱中烘烤7~8min，然后将烤箱温度调整到90℃保温备用。〔图7〕

8. 将材料b的玉米淀粉与冷开水混合均匀备用。〔图8、图9〕

9. 将材料c的冷开水倒入盆中，再倒入黄砂糖。〔图10、图11〕

10. 再将水麦芽加入（加水麦芽的时候，将钢盆放在秤上称量，挖取水麦芽要稍微有点耐心）。〔图12〕

11. 开小火煮糖浆，一开始不要搅拌（搅拌了糖会煮不溶）。〔图13、图14〕

12. 当糖浆开始冒泡时，用木匙轻轻搅拌均匀。〔图15〕

13. 煮到糖浆冒大泡并达到130℃时，将玉米淀粉水倒入混合均匀，务必慢慢地一边倒一边搅拌（玉米淀粉水倒入前要再度搅拌均匀）。〔图16、图17〕

14. 然后将无盐奶油及动物性鲜奶油倒入搅拌均匀，煮至沸腾。（图18、图19）
15. 将枣泥馅加入混合均匀。（图20、图21）
16. 持续以小火熬煮，边煮边用木匙搅拌。
17. 煮至混合物变得非常浓稠，用木匙推开的时候可以清楚地看到锅底（此过程至少要20min）。（图22）
18. 准备一碗冰水，放一小团混合物到冰水中，可成为有弹性的团状即可（若没有成团，必须继续小火熬煮）。（图23）
19. 最后将保温中的核桃仁倒入混合均匀即可。（图24、图25）
20. 将完成的枣泥核桃馅倒在防粘烤焙布上。（图26、图27）
21. 盖上另一张防粘烤焙布。
22. 用擀面杖将枣泥核桃馅擀压整齐（厚约1.5cm）。（图28、图29）
23. 擀压整齐后放凉。（图30）
24. 放凉后将防粘烤焙布撕开，用菜刀切成自己喜欢的大小。（图31、图32）
25. 用糯米纸及玻璃纸包起来即完成。（图33、图34）
26. 密封，室温保存25～30天。

Carol's Memo

a. 红枣与黑枣的比例可以自行调整。
b. 糯米纸及玻璃纸可以在烘焙材料店购买。
c. 水麦芽即水饴，可在烘焙材料店购买。
d. 煮的时间会受火力大小、锅的受热程度、糖液的受热面积等影响，所以务必煮到混合物滴入冰水中会成为有弹性的团状才算完成。
e. 此糖属于软糖，不是硬的。

法式李子软糖

晶莹剔透的法式软糖是我的最爱，将季节水果的甜美浓缩起来，一颗颗像宝石一般，成为可以长时间保存、滋味又迷人的糖果。

这款软糖酸甜浓郁，咬一口，保证会爱上！

Baking Points

 分量：7～8人食用

 烘烤温度：×

烘烤时间：×

◎ 材 料

A. 软糖

a. 李子果肉300g　水麦芽40g　细砂糖200g

b. 果胶粉（pectin）8g　细砂糖20g

c. 柠檬酸10g　冷开水10g

B. 成品表面装饰

　　细砂糖100g

⚙ 做法

1. 将李子皮及核去除，取果肉300g，用果汁机打成细致的泥状。〔图1、图2〕
2. 将材料b的果胶粉与细砂糖混合均匀。〔图3、图4〕
3. 将材料c的柠檬酸与冷开水混合均匀备用。〔图5〕
4. 将果泥倒入锅中，加入水麦芽。〔图6〕
5. 再将混合好的步骤2的材料加入。〔图7〕
6. 放在火炉上，小火加热，边煮边混合均匀。〔图8〕
7. 再将材料a的细砂糖分两次加入，边煮边混合均匀。
8. 全程使用中小火加热，煮至糖浆温度达到108℃。〔图9〕
9. 温度达到后，将步骤3的材料倒入混合均匀，再煮10～15s离火。〔图10、图11〕
10. 将糖浆迅速倒入准备好的容器中，室温静置至完全凉透后即凝固。〔图12、图13〕
11. 将凝固的软糖倒出，切成自己喜欢的大小。〔图14～图16〕
12. 均匀沾上一层细砂糖，即可室温密封保存。〔图17〕

Carol's Memo

a. 容器大小及软糖厚度可以按照个人喜好调整。若较厚，需要的冷却时间就长。
b. 测试温度的时候，需留意温度计探针不可以接触锅底，以免测试不准导致成品失败。
c. 柠檬酸也可以用酒石酸代替。
d. 成品可以放入冰箱冷藏保存，不过放入冰箱后再取出容易造成表面返潮，使细砂糖溶化。

Fruit Leather

草莓鲜果软糖卷

　　红通通的草莓上市了，娇艳欲滴的模样真是讨人喜欢。草莓除了是做甜点的好材料，也有非常多的营养，酸甜的味道更是让人食欲大增。一颗颗草莓就像小精灵，在厨房跳舞，增添了生活中的色彩。

　　简单的几个步骤就可以将新鲜草莓制作成天然的小零食。利用水果中丰富的胶质做成质地类似皮革般的软糖，也让我重温了在美国旅行时吃过的味道。

Baking Points

分量：4～5人食用

烘烤温度：120℃→70～80℃

烘烤时间：40min→1.5～2h

◎ 材 料

新鲜草莓300g　柠檬1/2个（柠檬汁约20mL）
糖30g

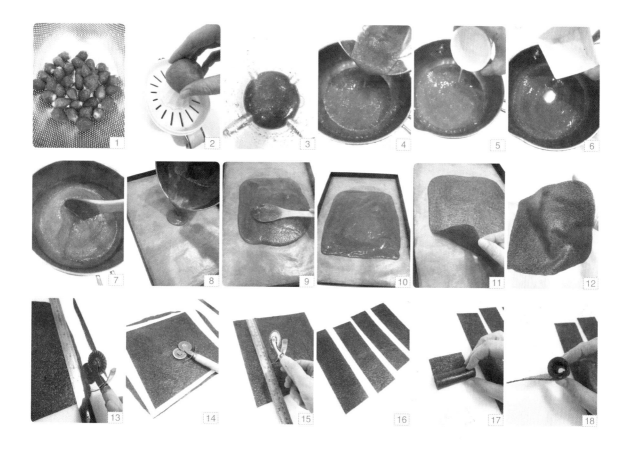

做法

1. 将新鲜草莓清洗干净，去蒂。〔图1〕

2. 将柠檬榨出汁液。〔图2〕

3. 将草莓放入果汁机中，搅打成细致的泥状。〔图3〕

4. 将草莓泥倒入盆中，加入柠檬汁及糖混合均匀。〔图4～图6〕

5. 放在火炉上，用微火熬煮15～20min，至草莓泥收干到剩下一半的分量（边煮边搅拌，避免粘底）。〔图7〕

6. 烤盘上铺防粘烤焙布，将草莓泥倒在上面。〔图8〕

7. 将草莓泥稍微均匀铺开，大小为25cm×25cm，厚度约0.4cm。〔图9、图10〕

8. 放入已经预热至120℃的烤箱中烘烤40min，再将温度调整为70～80℃，烘烤1.5～2h到表面干燥、不粘手的状态即可，在烤箱中放到凉。完全凉透后，就可以将软糖片从防粘烤焙布上撕下来了。〔图11、图12〕

9. 用钢尺及滚轮刀将四周不整齐的部分切除。〔图13、图14〕

10. 再平均切成自己喜欢的大小。〔图15、图16〕

11. 卷起来即可。〔图17、图18〕

12. 请密封保存（若天气太潮湿，可以放入冰箱冷藏保存）。

Carol's Memo

a. 熬煮果泥时火一定不能太大，以免煮过头。

b. 烘烤温度及时间请按照自家烤箱的情况调整，温度不要太高，以免烘烤过头导致成品变焦脆。

c. 糖可以使用任何自己喜欢的种类，甜度可按照个人喜好调整，不加也没问题。

d. 烤盘务必铺上防粘烤焙布或硅胶布，以免成品黏结无法撕开（也可以使用防粘烤焙纸）。

e. 果泥铺放的厚度会影响烘烤时间：成品越厚，需要的烘烤时间也会越久，请自行斟酌。

麦片果仁棒

这是我让Leo带到学校的零食。有时候全家出去玩或去爬山，也会带一些在身上。肚子有一点饿的时候，它是很方便补充热量的健康点心。

以前我都在超市买现成的，但是小小的一盒并不便宜。利用家里现有的材料自己做，简单又方便。将早餐全麦玉米脆片加进去，口感好又可增加饱足感。

所有的干果及果干都可以用自己喜欢的材料来替换，没有早餐全麦玉米脆片的话，就全部用即食麦片，每一口都可以吃到满满的谷物及果仁，很满足。如果不喜欢太甜的话，将水果干改为坚果或谷类麦片就可以了。

Baking Points

🍽 分量：**1盘**（24cm×20cm的方形铁盘）

🔥 烘烤温度：**130℃**

🕐 烘烤时间：**7～8min**

◉ 材 料

A. 果仁馅

核桃仁40g 南瓜子30g 葵花子30g 早餐全麦玉米脆片60g
即食麦片100g 葡萄干40g 蔓越莓干30g 杏干30g
小麦胚芽1大匙

B. 糖浆

红糖65g 蜂蜜（或果糖）50g 麦芽糖1.5大匙
冷开水2小匙

Carol's Memo

此果仁棒的口感不是脆的，
而是软弹的。

◉ 做法

1. 将核桃仁、南瓜子、葵花子放进烤箱，以130℃烘烤7～8min，放凉。将核桃仁切成小块，杏干切成小块，早餐全麦玉米脆片用手大致捏碎。（图1）

2. 将果仁馅的所有材料放入大盆中混合均匀。（图2）

3. 铁盘中刷上一层奶油（分量外）。（图3）

4. 将红糖、蜂蜜、麦芽糖、冷开水放入锅中，用中火加热，使麦芽糖溶化，煮沸到冒大泡翻滚（约煮3min）、糖浆滴入冷水中可以成形的程度即可。（图4）

5. 将煮好的糖浆倒入混合的果仁馅中，迅速搅拌均匀。（图5）

6. 将搅拌均匀的果仁馅倒入刷有奶油的铁盘中。（图6）

7. 将果仁馅铺平，用手压紧，然后放凉。（图7）

8. 放凉后倒出，用刀切成适当的大小即可。（图8）

9. 若吃不完可放入冰箱冷藏保存。

Nougat

杏仁牛轧糖

　　年前，很多朋友想试试自己做牛轧糖，我少量制作了一些给需要的朋友参考。建议第一次做的朋友不要做太多，避免步骤不熟悉影响成品，而且量大徒手搅拌会很费力。最好准备一支温度计，才能够正确掌握糖浆的温度。

Baking Points

 分量：约850g

 烘烤温度：150℃

 烘烤时间：7～8min

❀ 材　料

A. 糖浆
　　冷开水100g　细砂糖150g　水麦芽500g
　　盐1/8小匙

B. 蛋白霜
　　蛋白50g　细砂糖20g

C. 内馅
　　无盐奶油80g　全脂奶粉200g
　　杏仁200g

❀ 准备工作

1. 将材料称量好。
2. 烤盘上铺一张防粘烤焙布。
3. 将室温鸡蛋的蛋白分出，取50g（蛋白不可以沾到蛋黄、水分及油脂）。
4. 将杏仁放入已经预热至150℃的烤箱中烘烤7～8min，然后将温度降低到100℃保温备用。（图1）
5. 将无盐奶油与全脂奶粉放入盆中，用手直接捏合成松散的粉状备用。（图2～图4）

❀ 做法

1. 依次将材料A的冷开水、细砂糖、水麦芽及盐放入盆中。（图5）
2. 一开始不要搅拌，用小火熬煮。抬起钢盆轻轻晃动，让材料融合在一起，慢慢会看到糖浆开始冒泡。
3. 放入温度计，约煮到110℃时开始打蛋白。（图6）
4. 将蛋白先用电动打蛋器打出一些泡沫，然后加入细砂糖，打成提起时尾端挺立的蛋白霜。（图7、图8）

5. 糖浆煮到130℃关火，马上以线状倒入蛋白霜中，快速混合均匀，成为非常浓稠的蛋白糖。（图9）

6. 此时改用擀面杖或木匙，将已经混合好的无盐奶油与全脂奶粉倒入，快速搅拌均匀。（图10、图11）

7. 最后将保温中的杏仁加入，混合均匀。（图12、图13）

8. 将混合好的材料刮下来倒在防粘烤焙布上，用刮板迅速刮平整（也可以在表面铺上另一张防粘烤焙布，用擀面杖擀平整）。（图14）

9. 静置到完全冷却后取出，用菜刀切成适当的大小即可。（图15）

10. 用防粘烤焙纸包起来即可防粘。

 Carol's Memo

a. 冬天将糖浆煮至130℃，夏天将糖浆煮至135~138℃。

b. 煮制糖浆的时候，一定要煮到水分完全蒸发。若没有温度计，可将糖浆滴入冷水中看是否成形来判断。

c. 杏仁可以用去皮花生、南瓜子、核桃仁、腰果、夏威夷豆等代替。

d. 将无盐奶油与全脂奶粉事先混合均匀，这样可以让搅拌更快速，新手的成功率比较高。

e. 若担心太甜，可以将细砂糖改为海藻糖。

f. 水麦芽甜味淡，加多较软；细砂糖甜味重，加多会硬，自己可以斟酌比例添加。做少量的话，其实糖的损耗会比较大，粘在锅底的比例较高，所以操作要快速。糖损耗越多，越容易失败，做出来的成品会偏软。

g. 煮糖和气温也有很大关系：天气越冷糖越容易硬化，不需要煮到太高温度；天气热的时候，煮糖的温度要高。

Thank You

因为有你们在这七年的时间里不
间断地支持与鼓舞，我才能够充
满勇气持续前进，期盼将更多可
口的家庭烘焙甜点带给大家！

Carol

甜点新手问与答
(Question and Answering)

Q 为何在制作饼干时，加入粉类后不能过度搅拌？

A 为了饼干的组织酥松，所以以加入粉类后不要过度搅拌，这样可避免面粉产生筋性，影响口感。

Q 饼干如何烘烤才会酥脆？

A 烘烤温度可按照烤箱的温度来调整。如果使用书上的温度与时间烤色太深时，可将烤箱温度调低10℃再试试；若上色不够或成品还太软，就必须将烤箱温度调高10℃再试试。烤饼干不一定是一个温度到底，有时候还必须视实际情况调整。比如烘烤时间到了，成品尚未取出，可直接利用余温焖到冷却，这样饼干就会变得酥脆。但如果烤出来放凉还太软，就表示还没烤透，下一次可以延长烘烤时间。有时候刚烤完会觉得有一点软，但是放凉后就会变酥脆。通常烘烤时间到后，可打开烤箱用手压一下饼干中心，如果还有一点软，就再多烘烤3～5min，或直接关火但不取出，用余温焖到冷却，这样饼干就会变酥脆。烤完后也一定要完全放凉才能密封收起来，不然会因为没有放凉而容易返潮导致成品变软。如果饼干回软，可以再放回烤箱用150℃烘烤3～5min，饼干就会恢复酥脆口感。

Q 中筋面粉能否代替低筋面粉做蛋糕或饼干？

A 一般来说，做蛋糕或饼干要使用低筋面粉，成品才会酥松可口。如果使用蛋白质含量较高的面粉如中筋或高筋面粉来制作蛋糕或饼干，混合的时候就更要注意尽量快速，并且不要过度搅拌，避免产生筋性导致口感变硬。

Q 配方中的牛奶是哪一种？

A 配方中的牛奶可以按照自己的喜好使用鲜奶或用奶粉冲泡，全脂或低脂都没问题。最好使用室温的牛奶，才不影响烘烤温度。奶粉冲泡比例约为：90mL水 + 10g奶粉 = 100mL牛奶。

Q 蛋糕中的糖分可以减多少？

A 全蛋或分蛋打发都需要用糖来协助才能打得挺，糖太少会影响成品。戚风蛋糕类甜点如果希望减糖，建议减少蛋黄面糊的部分，蛋白霜部分的糖太少会影响打发。

Q 奶油糖打发时，油水分离的原因为何？

A 奶油如果一开始回温得过软，搅拌过程太久，蛋液添加过快，都容易使奶油油水分离，烘烤的时候奶油会析离出来影响口感。

Q 可以用粗糖代替细砂糖打发蛋白吗？

A 打发蛋白只适合使用细砂糖，但是全蛋打发可以使用细砂糖、黄砂糖或红糖。因为全蛋打发有加温，不同粗细的糖都可以溶化。打发蛋白使用粗糖较不适合。

Q 配方中的无糖纯可可粉可以使用冲泡式的饮品代替吗？

A 一般做甜点时请尽量选择无糖纯可可粉，这样在另外添加糖时会比较准确，可可味道也会比较浓。市面上冲泡式的饮品除了添加可可粉外，通常还包含了糖、奶粉或乳化剂等其他材料。如果要使用也可以，但可可的味道会比较淡，而且必须注意，另外添加的糖量要减少。

Q 可以纯手工打发蛋白霜或全蛋吗？

A 打发蛋白霜或全蛋纯手工不是不行，而是会很累，必须做得熟练，手劲也要足，还要看自己是否可以持续搅拌8～10min。

Q 蛋白霜为何会混合不均匀？

A 一开始舀1/3分量的蛋白霜与蛋黄面糊混合的用意也是使搅拌顺利，这个步骤务必好好混合，加入剩下的蛋白霜就不会有混合不均匀的情况发生。

Q 戚风蛋糕一定要使用中空烤模吗？

A 戚风蛋糕有平板及中空两种，不一定要使用中空烤模，也可以使用平板分离式烤模。平板分离式烤模烘烤出来的蛋糕适合作为生日蛋糕，中间不会有孔洞。中空烤模的好处是受热比较平均，可按个人喜好选择。这两种烤模可以任意互换，材料不需要改变。日式戚风烤模比较高，请注意自家烤箱的高度是否适合，以免膨胀后顶到上方使表面烤焦。

Q 烘烤戚风蛋糕时，放在底盘还是铁网架上？

A 有些烤箱温度比较高，烘烤的过程中必须加底盘，以免底火温度过高导致蛋糕底部凹陷。如果烤箱温度比较低，烘烤时就必须取消底盘，以免热量传不进内部导致蛋糕烤不透。因为每一台烤箱都不同，所以要按照烤箱的情况来做适当的调整。如果蛋糕加了底盘反而烤不透，那下次就要将底盘取消，将烤模直接放在铁网架上烘烤。

Q 蛋糕或饼干可以两盘一起烘烤吗？

A 其实我不建议多盘一起烘烤。上层的成品底部没法接触热源，下层的成品表面也没法接触热源，一定会影响整体的状况。一盘一盘地进去，上下温度平均，烘烤得比较透，上色也漂亮。

Q 超软戚风蛋糕回缩严重是什么原因？

A 1. 牛奶液是否没有煮到沸腾，导致面粉筋性没有"烫死"。

2. 蛋白霜混合是否过久导致消泡。

3. 蛋黄面糊是否太浓或太稀。

Q 戚风蛋糕回缩严重时要注意什么？

A 1. 蛋黄面糊是否过度搅拌导致面粉产生筋性。

2. 蛋白霜混合是否过久导致消泡。

Q 如何判断平板蛋糕是否已烤好？

A 通常以蛋糕表面烘烤到金黄色为准。如果颜色偏白，下一次就延长3～5min；如果烤得太干，下一次就缩短2～3min。时间到后打开烤箱，用手轻拍蛋糕表面，若感觉表面干燥、无黏结并出现沙沙的声音，拍打时感觉蛋糕很有弹性，就表示

烘烤好了。

Q 戚风蛋糕中间出现大孔洞时该怎么办？

A 蛋黄面糊混合过度或混合蛋白霜过久，都容易造成面粉产生筋性，成品中就容易出现大孔洞。面糊倒入烤模中时要注意不要有气孔产生，可以用一根筷子顺着烤模在面糊中转几圈，进烤箱前用力敲几下，情况也会改善。

Q 蛋糕卷容易裂开的原因是什么？

A 1. 蛋糕体太厚。

2. 蛋糕体太湿或太干。

3. 开始卷起的部位要记得用刀划几条线。一般而言，蛋糕卷的分量要按照烤盘的大小调整。若同样的分量但烤盘的大小不同，就会使蛋糕的厚度有差异，导致烤不透或烤得太干。

Q 如何判断轻乳酪蛋糕是否已经烤好？

A 其实乳酪蛋糕在热的时候是比较黏的，用竹签测试时只要黏结的不是液体就表示熟了，有一些散的组织黏结是正常的。轻乳酪蛋糕表面会裂通常都是因为温度太高或蛋白霜打得太发，稍微调整一下就可以改善。

Q 成品的保存期限及保存方式是什么？

A 1. 饼干类：室温密封保存10～15天。若放入冰箱，密封冷藏可以保存1～2个月，密封冷冻保存约3个月。饼干面团放入冰箱冷冻，可以保存3～4个月。

2. 海绵蛋糕或戚风蛋糕类：夏天室温保存1～2天，冷藏5～6天；冬天室温2～3天，冷藏5～6天。冷冻可以保存2～3个月。

3. 磅蛋糕类：夏天室温保存5～6天，冷藏1个月以上；冬天室温12～15天，冷藏1个月以上。冷冻可以保存2～3个月。从冰箱中取出后要回温才不影响口感。

4. 乳酪蛋糕类：冷藏5～6天，冷冻1个月左右。

5. 烤布丁：冷了就要放入冰箱，冷藏4～5天。

原书名：《烘焙新手变达人的第一本书》

作者：胡涓涓

本书中文简体版经光磊国际版权经纪有限公司及成都天鸢文化传播有限公司代理，由日日幸福事业有限公司授权河南科学技术出版社在全球（不包括台湾、香港、澳门）独家出版、发行。

著作权合同登记号：图字16—2014—178

图书在版编目（CIP）数据

烘焙新手变达人的第一本书/胡涓涓著.—郑州：河南科学技术出版社，2015.6
ISBN 978-7-5349-7744-2

Ⅰ.①烘… Ⅱ.①胡… Ⅲ.①烘焙–糕点加工 Ⅳ.①TS213.2

中国版本图书馆CIP数据核字（2015）第070155号

出版发行：河南科学技术出版社

地址：郑州市经五路66号　　邮编：450002

电话：（0371）65737028　65788613

网址：www.hnstp.cn

策划编辑：刘　欣

责任编辑：葛鹏程

责任校对：柯　姣

封面设计：张　伟

责任印制：张艳芳

印　　刷：北京盛通印刷股份有限公司

经　　销：全国新华书店

幅面尺寸：190 mm × 255 mm　　印张：22.5　　字数：500千字

版　　次：2015年6月第1版　　2015年6月第1次印刷

定　　价：78.00元

如发现印、装质量问题，影响阅读，请与出版社联系并调换。

定价: 68.00 元

定价: 78.00 元

定价: 79.80 元

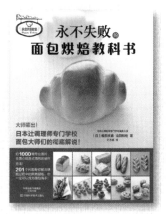

定价: 59.00 元

定价: 59.00 元

定价: 98.00 元

定价: 36.00 元

定价: 36.00 元

定价: 36.00 元

河南科学技术出版社
精品图书推荐

更多精彩图书请登录：
http://www.hnstp.cn

定价：49.00 元

定价：49.00 元

定价：46.00 元

定价：46.00 元

定价：68.00 元

定价：68.00 元

定价：39.80 元

定价：66.00 元

定价：66.00 元